"十三五"高职高专规划教材

五年制高职数学

（第一册）

荆贺明　滕明利　司玉琴　主　编

俎瑞琴　杨　超　康　乐　陈业伟　副主编

中国铁道出版社有限公司

CHINA RAILWAY PUBLISHING HOUSE CO., LTD.

内 容 简 介

为适应我国高等职业技术教育蓬勃发展的需要，加速教材建设的步伐，根据教育部有关文件精神，并参照《五年制高职数学课程教学基本要求》，编写了本教材。

全套教材分三册出版。本册为第一册，内容包括：集合、不等式、函数、指数函数与对数函数、任意角的三角函数。教材中每节后面配有一定数量的练习题和习题，每章后面配有思考与总结和复习题，供复习巩固本章内容。

图书在版编目(CIP)数据

五年制高职数学. 第一册/荆贺明，滕明利，司玉琴主编. —北京：
中国铁道出版社, 2017.8 (2021.9重印)
"十三五"高职高专规划教材
ISBN 978-7-113-23739-4

Ⅰ. ①五⋯ Ⅱ. ①荆⋯ ②滕⋯ ③司⋯ Ⅲ. ①高等数学-高等职业
教育-教材 Ⅳ. ①O13

中国版本图书馆 CIP 数据核字(2017)第 208932 号

书　　名：**五年制高职数学（第一册）**
作　　者：荆贺明　滕明利　司玉琴

策　　划：王春霞　　　　　　　　　编辑部电话：(010) 63551006
责任编辑：王春霞　包　宁
封面设计：刘　颖
封面制作：白　雪
责任校对：张玉华
责任印制：樊启鹏

出版发行：中国铁道出版社有限公司 (100054,北京市西城区右安门西街8号)
网　　址：http://www.tdpress.com/51eds/
印　　刷：三河市宏盛印务有限公司
版　　次：2017年8月第1版　　　2021年9月第4次印刷
开　　本：720mm×960mm　1/16　印张：12.75　字数：240千
书　　号：ISBN 978-7-113-23739-4
定　　价：32.00 元

前　言

为适应我国高等职业技术教育蓬勃发展的需要,加速教材建设的步伐,根据教育部有关文件精神,考虑到高等职业技术院校基础课的教学应以应用为目的,以"必需、够用"为度,并参照《五年制高职数学课程教学基本要求》,由高等职业技术院校中从事高职数学教学的资深教师编写本套教材,可供招收初中毕业生的五年制高职院校的学生使用。

本套数学教材是按照高等职业技术学校的培养目标编写的,以降低理论、加强应用、注重基础、强化能力、适当更新、稳定体系为指导思想。在内容编排上,注重知识的浅层挖掘。从教学改革的要求和教学实际出发,教材将最基础部分的知识,从不同的起点、不同的层次、不同的侧面,进行了变通性强化、方法性强化和对比性强化,从而使基础知识得到充实、丰富和发展;注重培养学生的创新意识和实践能力,教材在内容的安排上注重培养学生基本运算能力、空间想象能力、数形结合能力、简单实际应用能力、逻辑思维能力;注重加强学法指导,教会学生学习,让学生在学习知识的同时,不断地改进学习方法,逐步掌握科学的思维方式;注重让学生参与实现教育目标的过程,寓教学方法于教材之中。

教材十分重视学生的认识过程和探索过程。例如,在概念、定理、公式后安排"想一想"内容,提出具有启发性的问题,让学生进行思考、讨论。又如,安排让学生根据要求自己编制题目的内容,以使学生动手动脑,把课堂教学变成师生的共同活动。再如,教材中的例题,除了给出解法外,还在解法前安排分析,解法后安排小结,为学生自学创造条件。在例题和习题的编排上有较大改革。主要是:把例题和习题的题量、难度进行量化;引进客观题,增加开放题和建模题等新题型;采用串联成组的方法,将发挥题目的个体功能转变成发挥题目的整体功能;选择富有代表性、启发性的题目,进行详尽透彻的分析,并在此基础上进行横向或纵向演变,最大限度地发挥题组的潜在功能;在适当位置设置"条件填充题"或"结论填充题",以缩小知识跨度,减少学习困难。本教材具有简明、实用、通俗易懂、直观性强的特点,适合教师教学和学生自学。

本册为第一册,内容包括:集合、不等式、函数、指数函数与对数函数、任意角的三角函数。教材中每节后面配有一定数量的练习题和习题,每章后面配有思考和小结以及复习题,供复习巩固本章内容和习题课选用。

　　本册由荆贺明、滕明利、司玉琴任主编;俎瑞琴、杨超、康乐、陈业伟任副主编。具体编写分工如下:第 1 章、第 2 章由杨超编写,第 3 章、第 4 章由荆贺明编写,第 5 章由康乐编写,滕明利、俎瑞琴、司玉琴、陈业伟、李冬梅、殷婷协助以上编者编写。最后由荆贺明负责统稿。

　　由于编写水平有限,书中不足之处在所难免,我们衷心希望得到广大读者的批评指正,以使本书在教学实践中不断完善。

编　者

2017 年 7 月

目　　录

第1章 集 合

集合是现代数学的基本语言,集合的概念在数学中非常重要,它是建造整个"数学大厦"的基础,使用集合观点,就能简洁、精确地表达各种数学对象以及它们之间的关系.

1.1 集合的概念

本节重点知识:

1. 集合的概念.

2. 集合分类.

3. 元素与集合的关系.

1.1.1 集合的概念

1. 集合的概念

在初中数学中,我们已经接触过"集合"一词.

在初中代数学习数的分类时,就用到"正数的集合""负数的集合"等.此外,对于一元一次不等式

$$2x+3>5$$

所有大于1的实数都是它的解.我们也可以说,这些数组成这个不等式的解的集合,简称为这个不等式的**解集**.

在初中几何里学习圆时,说圆是平面内到定点的距离等于定长的点的集合.一般地,几何图形都可以看成是点的集合.

一般地,某些指定的对象集中在一起就成为一个**集合**,简称集.集合中的每个对象叫做这个集合的**元素**.例如,"我院足球队的队员"组成一个集合,每一个队员都是这个集合的元素;又如,"大于3的整数"组成一个集合,每个大于3的整数都是这个集合的一个元素.

通常用大写的拉丁字母 $A,B,C,\cdots$ 表示集合,小写拉丁字母 $a,b,c,\cdots$ 表示元素.

2. 集合分类

把含有有限个元素的集合叫做**有限集**.例如,所有大于 2 且小于 10 的奇数组成的集合;含有无限个元素的集合叫做**无限集**.例如,所有大于 5 的偶数组成的集合;不含任何元素的集合叫做**空集**,记为 $\varnothing$,例如,方程 $x^2+1=0$ 的所有实数解组成的集合.

例 1 下列集合中哪些是空集?哪些是有限集?哪些是无限集?

(1)由 26 个英文字母组成的集合;

(2)由小于 8 的正整数组成的集合;

(3)由大于 10 的奇数组成的集合;

(4)由平方等于 -1 的实数组成的集合.

分析 判断集合是有限集、无限集、空集的关键是看集合中元素的个数.

解 (1)因为集合的元素分别为 A,B,C,…26 个英文字母,所以这个集合为有限集;

(2)因为集合的元素分别为 1,2,3,4,5,6,7,共有 7 个元素,所以这个集合为有限集;

(3)因为集合的元素分别为 11,13,15,17,…有无数多个元素,所以这个集合为无限集;

(4)因为集合中没有元素,所以这个集合是空集.

练一练

指出下列集合中哪些是空集?哪些是有限集?哪些是无限集?

(1)由小于 5 的自然数组成的集合;

(2)由大于 11 且小于 100 的整数组成的集合;

(3)由等边三角形组成的集合;

(4)由 a,b,c,d,e,f,g 组成的集合;

(5)由 0 组成的集合.

3. 集合中元素的特性

根据上述多个例子我们看到:

(1)对于给定的集合,它的元素是确定的.也就是说给定一个集合,那么任何一个元素在不在这个集合中就确定了.例如,由我院足球队的队员组成的集合,它的元素是确定的.

(2)对于给定的集合,它的元素是互不相同的,每个元素不能重复出现.例如,由平方等于 4 的数组成的集合,它的元素只有两个,分别是 2 和 -2.

(3)对于给定的集合中的元素之间没有顺序关系,即集合中的元素相互交换顺序所得的集合与原来的集合是同一个集合.例如,由 1,2,3 组成的集合与由 2,1,3 组成的集合是同一个集合.

综上所述,集合中的元素具有确定性、互异性、无序性.

例2 下列各题中所指的对象是否能组成集合? 并说明理由.

(1)大于 3 且小于 11 的偶数;

(2)我国的小河流;

(3)中国的直辖市;

(4)学校里的高个子学生;

(5)非常大的数.

分析 根据集合中元素具有确定性的特点,判断指定的对象能不能构成集合,关键是能否找到一个明确的标准.

解 (1)(3)都能组成集合,因为每个对象都是确定的.

(2)(4)(5)都不能组成集合,因为没有确切的标准用来判断一条河流的"大小";在"高个子"与"不是高个子"之间,没有规定身高界限;数目大小的程度也没有明确的标准.

练一练

(1)举出两个能构成集合的实例,再举出两个不能构成集合的实例.

(2)下列各组对象是否能够成集合?

① 著名的数学家;

② 方程 $x^2-4=0$ 的实数根;

③ 质量好的洗衣机;

④ 一次函数 $y=4x+1$ 图像上的所有点;

⑤ 数轴上 1~5 之间所有的点;

⑥ 所有整数.

4. 常用数集

(1)全体非负整数组成的集合称为**非负整数集**(或**自然数集**),记作 **N**;

(2)全体正整数组成的集合称为**正整数集**,记作 **N$_+$**(或 **N***);

(3)全体整数组成的集合称为**整数集**,记作 **Z**;

(4)全体有理数组成的集合称为**有理数集**,记作 **Q**;

(5)全体实数组成的集合称为**实数集**,记作 **R**.

如果上述数集中的元素仅限于正数,就在集合记号的右下角标以"+"号;若数集中的元素仅限于负数,就在集合记号的右下角标以"−"号.例如,**Q$_+$** 表示正有理数集,**Z$_-$** 表示负整数集.

1.1.2　元素与集合的关系

一般地,如果 a 是集合 **A** 的元素,就说 a 属于 A,记作 $a \in A$,如果 a 不是集合 **A** 的元素,就说 a 不属于 **A**,记作 $a \notin A$.

2 是自然数,就说 2 属于 **N**,记作 $2 \in N$.

-2 不是自然数,就说 -2 不属于 **N**,记作 $-2 \notin N$.

例 3　用符号 $\in$ 或 $\notin$ 填空.

(1)0 ＿＿＿＿ **N**;　　　　(2)0 ＿＿＿＿ **N₊**;　　　　(3)0 ＿＿＿＿ **Z**;

(4)$\sqrt{2}$ ＿＿＿＿ **Z**;　　(5)5 ＿＿＿＿ **R**;　　　(6)$\frac{1}{3}$ ＿＿＿＿ **Q**;

(7)$\sqrt{3}$ ＿＿＿＿ **Q**;　　(8)-5 ＿＿＿＿ **Z₋**.

解　(1)$\in$;　(2)$\notin$;　(3)$\in$;　(4)$\notin$;　(5)$\in$;　(6)$\in$;　(7)$\notin$;　(8)$\in$.

注意符号"$\in$""$\notin$"是表示元素与集合之间的一种个体与整体的关系,在"$\in$""$\notin$"的两边分别是元素、集合.

练一练

判断下列各题所表示的关系是否正确:

(1)$1 \in \mathbf{Z}$;　　　　(2)$-\frac{3}{2} \in \mathbf{Q}$;　　　(3)$\frac{\pi}{2} \in \mathbf{Q}$;

(4)$\sqrt{5} \in \mathbf{R}$;　　　(5)$-5 \in \mathbf{Z}$;　　　(6)$0 \in \mathbf{Q_+}$.

习　题　1.1

1. 指出下列各题中所指的对象是否能组成集合,并说明理由:

(1)某职业高中高二计算机班性格开朗的女生;

(2)本校篮球队的全体队员;

(3)大于 3 且小于 5 的实数;

(4)素数的全体;

(5)大于 10 的自然数.

2. 说出下面集合中的元素:

(1)由大于 1 且小于 5 的偶数组成的集合;

(2)由大于 -2 且小于 10 的整数组成的集合;

(3)由小于 5 的自然数组成的集合;

(4)由平方等于 1 的数组成的集合;

(5)由 12 的正因数组成的集合.

3. 用符号"∈"或"∉"填空：

(1)11 ＿＿＿ **Z**；　　　(2)0 ＿＿＿ **N**；　　　(3)1.2 ＿＿＿ **Z**₊；

(4)－0.9 ＿＿＿ **Q**；　　(5)$\sqrt{6}$ ＿＿＿ **R**；　　(6)$\sqrt{11}$ ＿＿＿ **Q**₊；

(7)－3.14 ＿＿＿ **R**；　　(8)2π ＿＿＿ **N**₊；　　(9)$-\dfrac{3}{7}$ ＿＿＿ **R**.

4. 判断题

(1)某校爱好足球的同学组成一个集合. 　　　　　　　　　(　　　)

(2)由 1,2⁰,2,3 组成的集合有 4 个元素. 　　　　　　　　(　　　)

(3)所有好看的图画组成一个集合. 　　　　　　　　　　　(　　　)

(4)不超过 20 的非负数组成的集合. 　　　　　　　　　　(　　　)

(5)由 0,1 组成的集合与由 1,0 组成的集合是同一个集合. 　(　　　)

1.2　集合的表示法

本节重点知识：

1. 列举法.

2. 描述法.

集合的元素有多有少,有的是有限集,有的是无限集,在不同的地方,使用集合研究问题的目的也各不相同,根据不同的需要,表示集合的方法也各不相同. 经常使用的表示集合的方法有两种：

1. 列举法

我们把"中国古代四大发明"组成的集合表示为{指南针,造纸术,活字印刷术,火药},把"方程 $x^2-9=0$ 的所有实数根"组成的集合表示为{－3,3}.

像这样把集合中的元素一一列举出来,并用花括号"{}"括起来表示集合的方法叫做**列举法**.

例 1　用列举法表示下列集合：

(1)小于 8 的所有自然数组成的集合；

(2)方程 $x^2=x$ 的所有实数根组成的集合；

(3)大于 0 且小于 8 的偶数组成的集合.

分析　题目中要求用列举法表示集合,需先分析集合中元素的特征及满足的性质,再一一列举出来满足条件的元素.

解　(1)小于 8 的所有自然数组成的集合{0,1,2,3,4,5,6,7}.

由于集合中元素具有无序性,因此集合可以有不同的列举方法. 例如 {7,6,5,4,3,2,1,0}.

(2)方程 $x^2=x$ 的所有实数根组成的集合{0,1}.

(3)大于 0 且小于 8 的偶数组成的集合{2,4,6}.

列举法表示的集合的种类:

(1)元素个数少且有限时,全部列举,如{1,2,3,4};

(2)元素个数多且有限时,可以列举部分元素,中间用省略号表示,如{1,2,3,4,…,100};

(3)元素个数无限但有规律时,如自然数集 **N** 可以表示为{0,1,2,3,…}

用列举法表示集合时要注意以下几点:

(1)元素间用",",隔开,而不是用"、"隔开;

(2)元素不能重复,满足元素的互异性;

(3)元素排列没有顺序,满足元素的无序性;

(4)对于含较多元素的集合,如果构成该集合的元素有明显规律,可用列举法,但必须把元素间的规律表述清楚后才能用省略号.

练一练

用列举法表示下列集合:

(1)大于 −2 且小于 10 的所有整数组成的集合;

(2)小于 11 的所有整数组成的集合;

(3)方程 $x^2=16$ 的所有实数根组成的集合;

(4)不大于 10 的所有正偶数组成的集合;

(5)大于 $\sqrt{2}$ 且小于 $\sqrt{17}$ 的所有偶数组成的集合;

(6)12 的所有正因数组成的集合.

注意:

空集 $\varnothing$ 与集合{0}不同,$\varnothing$ 指的是不含任何元素的集合;{0}是由一个元素 0 所组成的集合.

想一想

(1)你能用自然语言描述集合{2,4,6,8,10}吗?

(2)你能用列举法表示不等式 $x-2<5$ 的解集吗?

2. 描述法

我们不能用列举法表示不等式 $x-2<5$ 的解集,因为这个集合中的元素是列举不完的.但是,我们可以用这个集合中元素所具有的共同特征来描述.

例如,不等式 $x-2<5$ 的解集中所含元素的共同特征是:$x\in\mathbf{R}$,且 $x-2<5$,即 $x<7$.所以,我们可以把这个集合表示为

$$\{x \mid x < 7, x \in \mathbf{R}\}$$

用集合所含元素的共同特征表示集合的方法称为描述法. 具体方法是: 在花括号内先写上表示这个集合元素的一般符号, 再画一条竖线, 在竖线后写出这个集合中元素所具有的共同特征及取值(或变化)范围.

注意竖线"|"不能省略. 集合中元素的共同性质可以用文字语言或符号语言描述. 例如, 由直线 $y = x + 1$ 上的点组成的集合, 可以表示为: $\{P \mid P$ 是直线 $y = x + 1$ 上的点$\}$ 或 $\{(x, y) \mid y = x + 1\}$.

例 2　用描述法表示下列集合:

(1)大于 -5 的所有实数组成的集合;

(2)$\{2, 4, 6, 8, 10\}$;

(3)不小于 -2 的所有有理数组成的集合;

(4)所有平行四边形组成的集合.

分析　用描述法表示集合时要先确定集合中元素的特征, 再给出其满足的条件.

解　(1)设大于 -5 的实数为 x, 它满足条件 $x > -5$, 且 $x \in \mathbf{R}$, 因此, 用描述法表示为

$$A = \{x \mid x > -5, x \in \mathbf{R}\};$$

当 x 的取值集合为 $\mathbf{R}$ 时, $x \in \mathbf{R}$ 可省略不写, 可写作 $A = \{x \mid x > -5\}$.

(2)设这个集合中的元素为 x, 它满足条件 $x = 2n, n < 6$, 且 $n \in \mathbf{N}_+$, 因此, 用描述法表示为

$$B = \{x \mid x = 2n, n < 6, n \in \mathbf{N}_+\};$$

(3)设不小于 -2 的有理数为 x, 它满足条件 $x \geqslant -2, x \in \mathbf{Q}$, 因此, 用描述法表示为

$$C = \{x \mid x \geqslant -2, x \in \mathbf{Q}\};$$

(4)设平面图形为 x, 它满足的条件是平行四边形, 因此, 用描述法表示为

$$D = \{x \mid x \text{ 是平行四边形}\}.$$

描述法表示集合的条件: 对于元素个数不确定且元素间无明显规律的集合, 不能将它们一一列举出来, 可以将集合中元素的共同特征描述出来, 即采用描述法.

用描述法表示集合时要注意以下几点:

(1)写清楚集合的代表元素的符号;

(2)说明集合中元素的共同属性;

(3)不能出现未被说明的字母;

(4)多层描述时, 要准确使用"且""或";

(5)所有描述的内容都要写在花括号内, 用于描述的内容要简明、准确;

(6)在不致引起混淆的情况下, 用描述法表示集合还可以使用简单的形式, 如

{直角三角形},{小于 10 的正整数};

(7)当 x 的取值集合为 **R** 时,$x \in$ **R** 可省略不写,如{$x \mid x > 2, x \in$ **R**}可写作{$x \mid x > 2$}.

练一练

> 用描述法表示下列集合:
>
> (1)小于 60 的所有自然数组成的集合;
>
> (2)大于 −2 且小于 10 的所有实数组成的集合;
>
> (3)大于 8 的所有有理数组成的集合;
>
> (4)不小于 $\sqrt{3}$ 的所有整数组成的集合;
>
> (5){1,3,5,7,9};
>
> (6)所有等腰三角形组成的集合.

习题　1.2

1. 用列举法表示下列元素构成的集合:

(1)小于 12 的所有正整数;

(2)小于 6 的所有实数;

(3)大于 −5 的所有负整数;

(4)8 的所有正因数;

(5)大于 0 且小于 20 的所有偶数;

(6)不等式 $x + 2 > 3$ 的所有解;

(7)大于 1 且小于 11 的所有质数;

(8)不大于 12 的所有正整数;

(9)绝对值等于 4 的所有数;

(10)立方等于 −27 的所有数.

2. 用描述法表示下列元素构成的集合:

(1)不大于 2 的所有有理数;

(2)不小于 −4 的所有负整数;

(3)不小于 2 的所有自然数;

(4)大于 21 的所有有理数;

(5)不等式 $x - 5 > -2$ 的所有解;

(6)四边形的全体;

(7)大于 3 且小于 9 的所有实数;

(8)平方等于 16 的所有数;

3. 用适当方法表示下列元素构成的集合:

(1)9 的所有因数;

(2)不等式 $x-2<1$ 的所有解;

(3)中华人民共和国国旗的颜色;

(4)平方等于 25 的所有数;

(5)梯形的全体;

(6)绝对值等于 11 的所有数;

(7)立方等于 8 的所有数;

(8)方程 $x^2-x-6=0$ 的解集.

4. 举出一个有限集和一个无限集,并把每个集合分别用列举法和描述法表示出来.

1.3　集合之间的关系

本节重点知识

1. 子集.

2. 真子集.

3. 集合的相等.

观察下面两组集合,并试着找出它们之间可能存在的关系.

(1)$A=\{1,2,3\}$,　　　$B=\{1,2,3,4,5\}$.

(2)设 A 为本校一年级(a)班全体学生组成的集合,B 为本校一年级全体学生组成的集合.

(3)$C=\{x|x$ 是三条边相等的三角形$\}$,　　$D=\{x|x$ 是等边三角形$\}$.

可以看出,在(1)中,集合 A 的任意一个元素都是集合 B 的元素,这时我们说集合 A 与集合 B 有包含关系,(2)中的集合 A 与集合 B 也有这种关系.

一般地,对于两个集合 A,B,如果集合 A 中的任意一个元素都是集合 B 中的元素,我们就说这两个集合有包含关系,称集合 A 是集合 B 的子集,记作

$$A\subseteq B(或\ B\supseteq A),$$

读作"A 包含于 B"(或 B 包含 A).

在数学中,我们经常用平面上封闭曲线的内部代表集合,这种图称为 Venn 图. 这样,上述集合 A 和集合 B 的包含关系,可以用图 1-1 表示.

当集合 B 不包含于集合 A,或集合 A 不包含集合 B 时,则记作

$$B\nsubseteq A(或\ A\nsupseteq B),$$

根据定义可知,任何一个集合 A,都是它本身的子集,即 $A\subseteq A$.

我们规定空集是任意一个集合的子集,也就是说,对于任意集合 A,都有 $\varnothing\subseteq A$.

注意 符号"$\subseteq$"表示的是集合与集合之间的关系,符号两边都是集合.

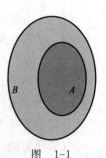

图 1-1

例1 用"$\subseteq$""$\supseteq$""$\nsubseteq$"填空.

(1)$\{2,5\}$_____$\{1,2,3,4,5\}$;

(2)$\{x\mid x$ 是四边形$\}$_____$\{x\mid x$ 是菱形$\}$;

(3)$\{x\mid x^2-4=0\}$_____$\varnothing$;

(4)$\{x\mid x>5\}$_____$\{6,7,8\}$;

(5)$\{x\mid 2<x<9,x\in\mathbf{R}\}$_____$\{x\mid x>0,x\in\mathbf{R}\}$;

(6)$\mathbf{N}$_____$\mathbf{Z}_-$;

解 (1)$\subseteq$ (2)$\supseteq$ (3)$\supseteq$ (4)$\supseteq$ (5)$\subseteq$ (6)$\nsubseteq$

想一想

符号"$\in$"与"$\subseteq$"的应用对象有什么不同?

练一练

用"$\subseteq$""$\supseteq$""$\nsubseteq$"填空.

(1)$\{8,9\}$_____$\mathbf{Z}$;   (2)$\mathbf{N}$_____$\{-2,0,8\}$;

(3)$\mathbf{Q}$_____$\{0,2,\pi\}$;   (4)$\{-5,0\}$_____$\{-5,-3,0\}$;

(5)$\{\frac{\sqrt{3}}{2}\}$_____$\mathbf{Q}$;   (6)$\{0,-1\}$_____$\{-1,2,3\}$;

(7)$\{2,3,6\}$_____$\{x\mid x$ 是 6 的正因数$\}$;

(8)$\{x\mid x$ 是 8 的正因数$\}$_____$\{0,1,2,4,8,10\}$;

(9)$\{x\mid x^2=9\}$_____$\{-3\}$;   (10)$\{-1,0,1\}$_____$\{x\mid x^2-1=0\}$;

(11)$\{x\mid x$ 是等腰三角形$\}$_____$\{x\mid x$ 是等边三角形$\}$;

(12)$\{x\mid x$ 是四边形$\}$_____$\{x\mid x$ 是梯形$\}$;

(13)$\{x\mid x>3,x\in\mathbf{R}\}$_____$\{x\mid x<5,x\in\mathbf{R}\}$;

(14)$\{x\mid -4<x<0,x\in\mathbf{R}\}$_____$\{x\mid -1<x<0,x\in\mathbf{R}\}$;

(15)$\{x\mid x\geqslant -2,x\in\mathbf{R}\}$_____$\{x\mid x>-2,x\in\mathbf{R}\}$;

(16)$\{0\}$_____$\varnothing$.

例 2 写出集合 $A=\{0,1,2\}$ 的所有子集.

分析 集合 A 中有 3 个元素,那么任意 1 个,2 个,3 个元素组成的集合及空集都是集合 A 的子集.

解 集合 A 中所有子集分别是:$\{0\},\{1\},\{2\},\{0,1\},\{0,2\},\{1,2\},\{0,1,2\},\varnothing$.

练一练

写出下列集合的所有子集:

(1)$A=\{2,3\}$;　　　　　　(2)$A=\{s,t\}$;

(3)$A=\{0,2,3\}$;　　　　　(4)$A=\{a,b,c\}$;

(5)$A=\{x\,|\,x^2=1\}$;　　　　(6)$\{x\,|\,x-3=1\}$;

(7)$A=\{x\,|-3<x<1,x\in\mathbf{Z}\}$;　　(8)$A=\{x\,|\,x\leqslant2,x\in\mathbf{N}\}$

在(3)中,由于"三条边相等的三角形"是等边三角形,因此,集合 C,D 都是由所有等边三角形组成的集合. 即集合 C 中任何一个元素都是集合 D 中的元素,同时,集合 D 中任何一个元素也都是集合 C 中的元素. 也就是说,集合 D 的元素与集合 C 的元素是一样的.

如果集合 A 是集合 B 的子集($A\subseteq B$),且集合 B 是集合 A 的子集($B\subseteq A$),此时,集合 A 与集合 B 中的元素是一样的,因此,集合 A 与集合 B 相等,记作

$$A=B$$

如果集合 $A\subseteq B$,但存在元素 $x\in B$,且 $x\notin A$,我们称集合 A 是集合 B 的真子集,记作

$$A\subsetneqq B(\text{或 } B\supsetneqq A)$$

例 3 指出下面各集合之间的关系,并用 Venn 图表示.

$A=\{\text{三角形}\},B=\{\text{等腰三角形}\},C=\{\text{等边三角形}\},D=\{\text{等腰直角三角形}\}$.

解 (1) $D\subsetneqq B\subsetneqq A$; (2) $C\subsetneqq B\subsetneqq A$.(见图 1-2)

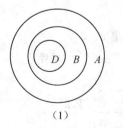
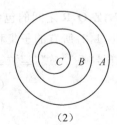

(1)　　　　　　　　　(2)

图　1-2

例 4 指出以下两个集合之间的关系:

(1)$A=\{1,3,5,7\},B=\{3,5\}$;

(2)$P=\{x\,|\,x^2=4\},Q=\{-2,2\}$;

(3)$C=\{$偶数$\}$, $D=\{$整数$\}$；

解 　(1)$B\subsetneqq A$；　(2)$P=Q$；　(3)$C\subsetneqq D$.

由上述集合之间的关系，可以得到下列结论：

(1)任何一个集合是它本身的子集，即 $A\subseteq A$；

(2)对于集合 A,B,C，如果 $A\subseteq B$，且 $B\subseteq C$，那么 $A\subseteq C$.

练　　习

1. 写出集合 $A=\{-1,0\}$ 的所有子集和真子集.

2. 判断下面集合之间的关系：

(1) $A=\{x\,|\,x^2-1=0$, $B=\{-1,1\}$；

(2) $A=\{x\,|\,|x|=3\}$；$B=\{-3,3\}$；

(3) $A=\{1,2,3,4,5\}$；$B=\{4,5,1\}$；

(4) $A=\{2,4,8\}$，$B=\{x\,|\,x$ 是 16 的正因数$\}$.

3. 用适当的符号填空.

(1) 0 ____ $\{0,1,2\}$；　　　　(2) $\{0\}$ ____ $\{0,1,2\}$；

(3) 0 ____ $\{0\}$；　　　　　　(4) $\varnothing$ ____ $\{0\}$；

(5)$\{1,2\}$ ____ $\{2,1,0\}$；　　(6)$\{a,b,c\}$ ____ $\{a,c\}$；

(7)$\varnothing$ ____ $\{0\}$；　　　　(8)$\{x\,|\,x^2-1=0\}$ ____ $\varnothing$；

(9)$\{x\,|\,x>5\}$ ____ $\{x\,|\,5<x<7\}$；　(10)$\{-1\}$ ____ $\{x\,|\,x^2=1\}$；

(11)$\{$平行四边形$\}$ ____ $\{$矩形$\}$.

习　题　1.3

1. 指出集合 $\mathbf{N},\mathbf{Z},\mathbf{Q},\mathbf{R}$ 之间的包含关系.

2. 写出集合 $\{0,1,2\}$ 所有的子集和真子集.

3. 用适当的符号"$\in$""$\notin$""$\subseteq$""$\subsetneqq$""$\supseteq$""$\supsetneqq$""$=$"填空

(1) 1 ____ $\mathbf{N}$；　　　　　　(2) $\sqrt{6}$ ____ $\mathbf{Q}$；

(3) a ____ $\{a\}$；　　　　　　(4) $\{1\}$ ____ $\{1,2\}$；

(5) $\varnothing$ ____ $\{a\}$；　　　　　(6) $\varnothing$ ____ $\{0\}$；

(7) $\{b,c,d\}$ ____ $\{c,d\}$；　　(8) $\{1,5\}$ ____ $\{$小于 6 的正整数$\}$.

4. (1) 已知$\{0,1,2,3,4\}=\{0,1,2,3,a\}$，求 a；

(2) 已知$\{0,1,2,3,4\}=\{0,1,2,a,b\}$，求 a,b；

(3) 已知$\{0,1,2,3,4\}=\{0,1,a-2,3,4\}$，求 a；

(4) 已知 $\{0,1,2,3,4\}=\{0,1,2,2a+1,4\}$, 求 a.

5. (1) 已知集合 $A=\{0,2,a\}$, $B=\{0,a^2,2\}$, 如果 $A=B$, 求 a 的值;

(2) 已知集合 $A=\{2,3,2a-1\}$, $B=\{2,a^2,3\}$, 如果 $A=B$, 求 a 的值.

1.4　集合的运算

本节重点知识:

1. 交集.

2. 并集.

3. 全集和补集.

1.4.1　交集

我国马路上交通灯的颜色集合是
$$A=\{红,黄,绿\},$$
一种国产丝绸的颜色集合是
$$B=\{红,黄,蓝,白\}.$$

其中交通灯与丝绸相同的颜色组成的集合是 $\{红,黄\}$.

可以看出, $\{红,黄\}$ 是由集合 A 与集合 B 的公共元素组成的一个新的集合.

一般地, 由属于集合 A 且属于集合 B 的所有元素组成的集合, 称为 A 与 B 的**交集**, 记做
$$A\cap B,$$
读做 "A 交 B". 即 $A\cap B=\{x\,|\,x\in A,$ 且 $x\in B\}$. 可用图 1-3 所示的 Venn 图表示.

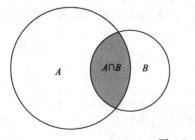
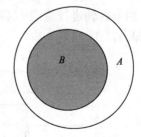

图　1-3

也就是说, 交通灯和丝绸相同的颜色所组成的集合, 就是原来两个集合的交集, 即
$$\{红,黄,绿\}\bigcap\{红,黄,蓝,白\}=\{红,黄\}.$$

想一想

1. 图 1-4 中没有阴影部分,那么 $A \bigcap B$ 是什么?

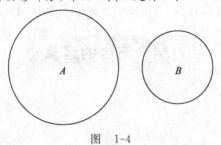

图　1-4

2. 下列关系式成立吗?
(1)$A \bigcap A = A$;(2)$A \bigcap \varnothing = \varnothing$.

对于任何集合 A,B,如果 $A \subseteq B$ 则 $A \bigcap B = A$.

例 1　已知 $A = \{1,3,5,7,9\}$,$B = \{1,2,3\}$,求 $A \bigcap B$.

分析　观察两个集合的元素,找到属于集合 A 且属于集合 B 的元素.

解　$A \bigcap B = \{1,3\}$

例 2　已知 $A = \{6 \text{ 的正因数}\}$,$B = \{8 \text{ 的正因数}\}$,求 $A \bigcap B$.

分析　首先要分别求出 6 和 8 的正公因数,找出属于集合 A 且属于集合 B 的元素.

解　因为 $A = \{6 \text{ 的正因数}\} = \{1,2,3,6\}$,$B = \{8 \text{ 的正因数}\} = \{1,2,4,8\}$,所以 $A \bigcap B = \{1,2,3,6\} \bigcap \{1,2,4,8\} = \{1,2\}$.

例 3　设 $A = \{x \mid x \geqslant 0\}$,$B = \{x \mid x < 5\}$,求 $A \bigcap B$.

分析　结合数轴进行解题.(将集合 A,B 分别在同一数轴中表示,重合部分用阴影表示,即 $A \bigcap B$).

解　$A \bigcap B = \{x \mid x \geqslant 0\} \bigcap \{x \mid x < 5\} = \{x \mid 0 \leqslant x < 5\}$.

如图 1-5 所示.

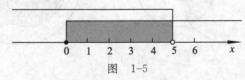

图　1-5

例 4　设 $A = \{\text{矩形}\}$,$B = \{\text{菱形}\}$,求 $A \bigcap B$.

解　$A \bigcap B = \{\text{矩形}\} \bigcap \{\text{菱形}\}$
$\qquad = \{\text{有一个角是直角且有一组邻边相等的平行四边形}\}$
$\qquad = \{\text{正方形}\}$.

练一练

在空格上填写适当的集合：

(1)$\{1,2,3,4,5,6\}\bigcap\{2,4,6,8,10\}=$＿＿＿；

(2)$\mathbf{Q}\bigcap\mathbf{R}=$＿＿＿；

(3)$\mathbf{Z}\bigcap\mathbf{Q}=$＿＿＿；

(5)$\{x\,|\,x<3\}\bigcap\{x\,|\,x\geqslant-5\}=$＿＿＿＿＿；

(5)$\{x\,|\,0<x<2\}\bigcap\{x\,|\,x\leqslant-1\}=$＿＿＿＿＿＿；

(6)$\{x\,|-2<x<5\}\bigcap\{x\,|\,0<x<6\}=$＿＿＿＿＿＿．

1.4.2　并集

观察下列问题：

某校高一(1)班的同学只参加了学校的两个运动队，他们组成的集合分别是

$$A=\{\text{参加校足球队的同学}\},\quad B=\{\text{参加校田径队的同学}\},$$

那么，这个班参加校运动队的同学的集合就是

$$C=\{\text{参加校运动队的同学}\}.$$

显然，集合 C 是由集合 A 与集合 B 的所有元素合并在一起组成的集合.

又如：集合 $A=\{1,2,3,4\}$，集合 $B=\{1,3,5\}$，如果把集合 A,B 中所有元素合并在一起，也可以组成一个新的集合(重复的元素只写一次).

$$C=\{1,2,3,4,5\}.$$

也就是说，集合 C 是由属于集合 A 或属于集合 B 的所有元素组成的集合.

一般地，对于两个集合 A 与 B，由属于 A 或属于 B 的所有元素组成的集合，叫做 A 与 B 的**并集**，记做

$$A\bigcup B,$$

读做"A 并 B"，即 $A\bigcup B=\{x\,|\,x\in A$ 或 $x\in B\}$.

上例中的集合 C 称为集合 A 与集合 B 的并集，即

$$C=A\bigcup B=\{1,2,3,4\}\bigcup\{1,3,5\}$$
$$=\{1,2,3,4,5\}.$$

集合 A 与 B 的并集 $A\bigcup B$，可用图 1-6 中的阴影部分表示.

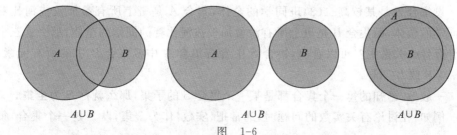

图　1-6

想一想

> 下列关系式成立吗？
> (1)$A \cup A = A$；(2)$A \cup \varnothing = A$.

对于任何集合 A,B，如果 $A \subseteq B$，则 $A \cup B = B$.

例 5 已知 $A = \{1,2,3,4,5,6\}$，$B = \{1,3,5\}$，求 $A \cup B$.

分析 观察两个集合的元素，找到属于集合 A 或属于集合 B 的所有元素.

解 $A \cup B = \{1,2,3,4,5,6\}$.

例 6 已知集合 $A = \{x \mid -2 \leqslant x < 3\}$，$B = \{x \mid x > 1\}$，求 $A \cup B$，并用数轴上相应的点集表示.

解 $A \cup B = \{x \mid -2 \leqslant x < 3\} \cup \{x \mid x > 1\}$
$\qquad = \{x \mid x \geqslant -2\}$.

用数轴上的点集表示，即为图 1-7 所示的阴影部分.

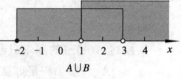

$A \cup B$

图 1-7

 练一练

> 在空格上填写适当的集合：
> (1)$\{1,3,5\} \cup \{4,6,8\} =$ _____；
> (2)$\varnothing \cup \{1,2,3\} =$ _____；
> (3)$\{0\} \cup \varnothing =$ _____；
> (4)$\{x^2 - 2x - 3 = 0\} \cup \{x \mid x^2 + 3x + 2 = 0\} =$ _____；
> (5)$\{x \mid 2 < x < 4\} \cup \{x \mid x > 0\} =$ _____；
> (6)$\{x \mid x > 1\} \cup \{x \mid x < 4\} =$ _____；
> (7)$\{x \mid x \geqslant -1\} \cup \{x \mid x > 2\} =$ _____；
> (8)$\{x \mid x \leqslant 5\} \cup \{x \mid x \leqslant -1\} =$ _____；
> (9)$\{x \mid -2 \leqslant x \leqslant 5\} \cup \{x \mid 0 \leqslant x < 6\} =$ _____.

1.4.3 全集与补集

在研究问题时，我们经常需要确定研究对象的范围.

设集合 S 是某校高二(3)班同学的全体，集合 A 是班上所有参加校拔河比赛的同学的全体，而集合 B 是班上所有没参加校拔河比赛的同学的全体，那么这三个集合有什么关系呢？可以看出，集合 S 中含有集合 A 中或集合 B 中的所有元素，即 $A \subseteq S$ 或 $B \subseteq S$.

一般地，已知的每一个集合都是某一个集合 S 的子集，那么就称 S 为**全集**.

例如，在讨论有关实数的问题时，通常把\{实数\}作为全集，设 S 是一个集合，集

合 A 是 S 的一个子集，(即 $A\subseteq S$)，由 S 中所有不属于 A 的元素组成的集合，叫做**集合 A 在 S 中的补集**，记做 $\complement_S A$，读作"A 补"，即

$$\complement_S A = \{x \mid x \in S \text{ 且 } x \notin A\}.$$

集合 A 在 S 中的补集 $\complement_S A$，可用图 1-8 中的阴影部分表示，图中的矩形内部表示全集 S，圆内部分表示集合 A.

由补集的定义可知（见图 1-8），对于全集 S 的任意子集 A，有

$$A \cap \complement_S A = \varnothing, \qquad A \cup \complement_S A = S, \qquad \complement_S(\complement_S A) = A.$$

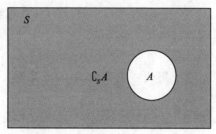

图 1-8

例 7 设全集 $S = \{x \mid x \leqslant 8, x \in \mathbf{N}\}$，$A = \{1,2,3,4,5\}$，求 $\complement_S A$ 及 $\complement_S(\complement_S A)$

分析 首先应根据已知确定全集的元素，然后再根据补集的定义进一步解题.

解 $S = \{x \mid x \leqslant 8, x \in N\} = \{0,1,2,3,4,5,6,7,8\}$，

$\complement_S A = \{0,6,7,8\}$， $\complement_S(\complement_S A) = \{1,2,3,4,5\}$.

例 8 已知全集 $S = \{三角形\}$，$A = \{直角三角形\}$，求 $\complement_S A$.

分析 三角形中按角分类可分为：锐角三角形、钝角三角形、直角三角形，其中前两种又总称为斜三角形.

解 $\complement_S A = \{非直角三角形\} = \{斜三角形\}$.

练一练

(1) 已知集合 $S = \{整数\}$，$A = \{负整数\}$，求 $\complement_S A$；

(2) 已知集合 $S = R = \{实数\}$，$Q = \{有理数\}$，求 $\complement_S Q$；

(3) 已知集合 $S = \{1,2,3,4,5,6,7,8\}$，$B = \{2,4,6\}$，求 $\complement_S B$；

(4) 设 $S = \{x \mid x \text{ 是小于 } 9 \text{ 的自然数}\}$，$A = \{3,4,5,6\}$，求 $\complement_S A$；

(5) 设 $S = R$，$A = \{x \mid x < 7\}$，求 $\complement_S A$.

习 题 1.4

1. 填空：

(1) $\{a, b, \underline{\quad}\} \cap \{c, d, \underline{\quad}\} = \{b, d\}$；

(2)$\{a,b,$＿＿$\}\bigcup\{d,e\}=\{a,b,c,d,e,\}$；

(3)$\{a,b,$＿＿,＿＿$\}\bigcap\{c,e,$＿＿$\}=\{b,c,e\}$.

2. 指出下列各题中集合 A,B 的交集和并集.

(1)$A=\{a,b,c\},B=\{b,c,d,e\}$；

(2)$A=\{-1,0,1,2\},B=\{0,2,4,6,8\}$；

(3)$A=\{x|x>2\},B=\{x|x<1\}$；

(4)$A=\{$等腰三角形$\},B=\{$直角三角形$\}$.

3. 已知 $A=\{x|x\leqslant3\},B=\{x|x>0\}$，求 $A\bigcap B$，并在数轴上画出相应的点集.

4. 设集合 $A=\{0,1,2,3,4\},B=\{0,2,4\}$.

(1)求 $A\bigcap B$；

(2)"$A\bigcap B$"是集合 A 的子集吗？是集合 B 的子集吗？试用集合关系符号表示出它们之间的关系.

5. 已知集合 $A=\{x|-2<x\leqslant1\},B=\{x|-1\leqslant x<2\}$，求 $A\bigcup B$.

6. 设集合 $A=\{-3,-1,1,3,5\},B=\{3,5,7,9\}$.

(1)求 $A\bigcap B,A\bigcup B$；

(2)交集是并集的子集吗？集合 A 和集合 B 是并集的子集吗？试用集合关系符号表示出它们之间的关系.

7. 已知集合 $A=\{x|x=2n,n\in\mathbf{Z}\}$，　$B=\{x|x=n,n\in\mathbf{N}_+\}$，试判断元素 -1，$0,1,2,4$ 是否属于 $A\bigcap B$ 和 $A\bigcup B$.

8. 已知集合 A,B，求 $A\bigcap B,A\bigcup B$，并在数轴上用相应的点集表示出来.

(1)$A=\{x|x>5\},B=\{x|2<x<7\}$；

(2)$A=\{x|-2<x<2\},B=\{x|0\leqslant x\leqslant3\}$；

(3)$A=\{x|x\geqslant3\},B=\{x|x<1\}$；

(4)$A=\{x|x\leqslant5\},B=\{x|x>0\}$.

9. 已知 $I=\mathbf{R},A=\{x|0<x<3\}$，求 $\complement_I A$，并用数轴上的点集表示.

10. 设 $S=\{$小于 8 的正整数$\},A=\{2,3\},B=\{3,5,6,7\}$，求 $\complement_S A$，$\complement_S B$，$\complement_S(\complement_S A)$，$\complement_S(\complement_S B)$，$A\bigcap B,(\complement_S A)\bigcap(\complement_S B)$.

11. 已知全集 $S=\{-2,-1,0,1,2,3,4\}$，集合 $A=\{0,2,4\},B=\{-2,-1,0\}$.

(1)求 $(\complement_S A)\bigcup(\complement_S B),\complement_S(A\bigcap B)$，并根据结果判定 $(\complement_S A)\bigcup(\complement_S B)$ 与 $\complement_S(A\bigcap B)$ 之间的关系.

(2)求 $(\complement_S A)\bigcap(\complement_S B)$，$\complement_S(A\bigcup B)$，并根据结果判定 $(\complement_S A)\bigcap(\complement_S B)$ 与 $\complement_S(A\bigcup B)$ 之间的关系.

12. 如图 1-9 所示，S 是全集，集合 A,B 都是 S 的子集，分别用阴影表示：

(1) $\complement_S(A \cup B)$；

(2) $(\complement_S A) \cap (\complement_S B)$；

(3) 找出 $\complement_S(A \cup B)$ 与 $(\complement_S A) \cap (\complement_S B)$ 之间的关系.

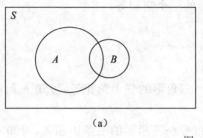 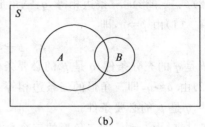

(a)　　　　　　　　　　　(b)

图　1-9

13. 如图 1-10 所示，S 是全集，集合 A，B 都是 S 的子集，分别用阴影表示：

(1) $\complement_S(A \cap B)$；

(2) $(\complement_S A) \cup (\complement_S B)$；

(3) 找出 $\complement_S(A \cap B)$ 与 $(\complement_S A) \cup (\complement_S B)$ 之间的关系.

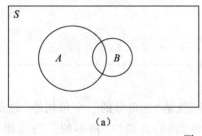 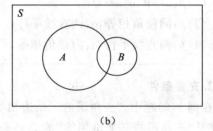

(a)　　　　　　　　　　　(b)

图　1-10

14. 设 A，B 是任意两个集合，试画图说明 $A \cap B \subseteq A \cup B$.

1.5　充　要　条　件

本节重点知识：

1. 充分条件与必要条件.

2. 充要条件.

1. 充分条件与必要条件

当"如果 p，那么 q"是真命题时，那么我们就说，由 p 可推出 q，记做 $p \Rightarrow q$.

如果由 p 可推出 q，我们又说，p 是 q 的**充分条件**或 q 是 p 的**必要条件**. 这就是说

$p \Rightarrow q$（真命题）；

p 是 q 的充分条件；

q 是 p 的必要条件.

例 1　指出下列各组命题中, p 是 q 的什么条件, q 是 p 的什么条件:

(1) $p:x=y,q:x^2=y^2$;

(2) $p:$ 三角形的三条边相等, $q:$ 三角形的三个角相等.

解　(1) 由 $p\Rightarrow q$, 即

$$x=y\Rightarrow x^2=y^2,$$

可知 p 是 q 的充分条件, q 是 p 的必要条件.

(2) 由 $p\Rightarrow q$, 即三角形的三条边相等 $\Rightarrow$ 三角形的三个角相等, 可知 p 是 q 的充分条件, q 是 p 的必要条件;

反过来, 由 $q\Rightarrow p$, 即三角形的三个角相等 $\Rightarrow$ 三角形的三条边相等, 可知 q 也是 p 的充分条件, p 也是 q 的必要条件.

练一练

> 指出下列各命题中, p 是 q 的什么条件, q 是 p 的什么条件:
>
> (1) $p:a\in\mathbf{Q},q:a\in\mathbf{R}$;
>
> (2) $p:a\in\mathbf{R},q:a\in\mathbf{Q}$;
>
> (3) $p:$ 同位角相等, $q:$ 两直线平行;
>
> (4) $p:$ 两直线平行, $q:$ 内错角相等.

2. 充要条件

在例 1(2) 题中, "三角形的三条边相等" 既是 "三角形的三个角相等" 的充分条件, 又是 "三角形的三个角相等" 的必要条件, 我们就说 "三角形的三条边相等" 是 "三角形的三个角相等" 的充分必要条件.

一般地, 如果 $p\Rightarrow q$, 又有 $q\Rightarrow p$, 就记做 $p\Leftrightarrow q$.

这时, p 既是 q 的充分条件, 又是 q 的必要条件, 我们就说 p 是 q 的充分必要条件, 简称**充要条件**.

例如:

"x 是 6 的倍数" 是 "x 是 2 的倍数" 的充分且不必要条件;

"x 是 2 的倍数" 是 "x 是 6 的倍数" 的必要且不充分条件;

"x 既是 2 的倍数也是 3 的倍数" 是 "x 是 6 的倍数" 的充要条件;

"x 是 4 的倍数" 是 "x 是 6 的倍数" 的既不充分也不必要的条件.

例 2　指出下列各命题中, p 是 q 的什么条件(在"充分且不必要条件""必要且不充分条件""充要条件""既不充分也不必要条件"中选出一种).

(1) $p:(x-1)(x-2)=0,q:x-1=0$;

(2) $p:$ 内错角相等, $q:$ 两直线平行;

(3) $p: x^2 = 4, q: x = 2$;

(4) $P: x > 5, q: x < 1$.

解　(1) 因为 $x - 1 = 0 \Rightarrow (x-1)(x-2) = 0, (x-1)(x-2) = 0 \not\Rightarrow x - 1 = 0$,

所以 p 是 q 的必要且不充分的条件.

(2) 因为内错角相等 $\Leftrightarrow$ 两直线平行,

所以 p 是 q 的充要条件.

(3) 因为 $x^2 = 4 \not\Rightarrow x = 2, x = 2 \Rightarrow x^2 = 4$,

所以 p 是 q 的必要且不充分的条件.

(4) 因为 $x > 5 \not\Rightarrow x < 1, x < 1 \not\Rightarrow x > 5$

所以 p 是 q 既不充分也不必要的条件.

注意　推出符号箭头所指方向为必要条件,箭头相反方向为充分条件.

结论:

(1) 若 $p \Rightarrow q, p \not\Leftarrow q$, 则 p 是 q 的充分不必要条件;

(2) 若 $p \not\Rightarrow q, p \Leftarrow q$, 则 p 是 q 的必要不充分条件;

(3) 若 $p \Rightarrow q, p \Leftarrow q$, 即 $p \Leftrightarrow q$, 则 p 是 q 的充要条件;

(4) 若 $p \not\Rightarrow q, p \not\Leftarrow q$, 则 p 是 q 的既不充分也不必要条件.

练一练

从"充分且不必要的条件""必要且不充分的条件""充要条件"中选出适当的一种填空:

(1) "$ac = bc$" 是 "$a = b$" 的 _____;

(2) "两个三角形全等" 是 "两个三角形相似" 的 _____;

(3) "a 是整数" 是 "$a + 2$ 是整数" 的 _____;

(4) "四边形的两条对角线互相垂直" 是 "四边形是菱形" 的 _____.

习　题　1.5

1. 用"充分且不必要""必要且不充分"和"充要"填空:

(1) "$|a| = |b|$" 是 "$a = b$" 的 _____ 条件.

(2) "$x > 3$" 是 "$x > 7$" 的 _____ 条件.

(3) "$x + a = 0$" 是 "$(x+a)(x+b) = 0$" 的 _____ 条件.

(4) "三角形一边上的中线、高线、角平分线三线重合" 是 "等腰三角形" 的 _____ 条件.

(5) "$x + y = 0$" 是 "$x^2 - y^2 = 0$" 的 _____.

(6)"$y=1$"是"$x,y\in\mathbf{R},x(y-1)=0$"的＿＿＿＿＿＿＿条件.

(7)"$x=0$"是"$x,y\in\mathbf{R},x(y-1)=0$"的＿＿＿＿＿＿＿条件.

(8)"$x=0,y=0$"是"$xy=0$"的＿＿＿＿＿＿＿条件.

(9)"$x=0,y=0$"是"$x+y=0,xy=0$"的＿＿＿＿＿＿＿条件.

(10)"$x>0,y>0$"是"$xy>0$"的＿＿＿＿＿＿＿条件.

(11)"$x^2-3x+2=0$"是"$x-1=0$"的＿＿＿＿＿＿＿条件.

(12)"$x<-2$"是"$x<-3$"的＿＿＿＿＿＿＿条件.

2. 判断正误:

(1)在三角形中,$\angle A=60°$是$\triangle ABC$为等边三角形的充分不必要条件.(　　)

(2)$a^2=b^2$是$a=b$的必要不充分条件.(　　)

(3)$x=3,y=-2$是$\sqrt{x-3}+|y+2|=0$的充要条件.(　　)

(4)$x^2-5x+6=0$是$x-3=0$的必要不充分条件.(　　)

思考与总结

本章主要学习集合的初步知识与充要条件的相关知识.

1. 集合及其表示法

某些指定对象集中在一起就成为一个集合,集合中的每个对象叫做这个集合的一个元素.如果c是集合A的一个元素,就说c属于A,记做＿＿＿＿＿.否则就说c不属于A,记做＿＿＿＿＿.

集合中的元素有确定性、＿＿＿＿＿、＿＿＿＿＿.

不含任何元素的集合叫做＿＿＿＿＿,用符号＿＿＿表示.

常见的集合有:自然数集＿＿＿＿,正整数集$\mathbf{N}_+$,整数集＿＿＿＿,有理数集＿＿＿,实数集＿＿＿.

表示集合的方法通常有两种:＿＿＿＿＿＿＿,＿＿＿＿＿＿＿.

2. 集合之间的关系

有的集合之间有包含关系,即$B\subseteq A$(或者说$A\supseteq B$).这时称集合B是集合A的＿＿＿＿＿.如果集合A中至少有一个元素不属于它的子集B,则称集合B是集合A的＿＿＿＿＿.

如果＿＿＿＿＿且＿＿＿＿＿,则称A与B相等,记做$A=B$.

空集是任何集合的＿＿＿＿＿.

3. 集合的运算

交集$A\cap B=$＿＿＿＿＿;

并集$A\cup B=$＿＿＿＿＿;

补集 $\complement_S A =$ _____.

其中 S 是全集，A 是 S 的子集.

4. 如果已知 $p \Rightarrow q$，那么我们就说，p 是 q 的_____，q 是 p 的_____.
如果已知_____，那么我们说，p 是 q 的充要条件.

复 习 题 一

1. 选择题：

(1)下列各题中所指的对象，能组成集合的是(　　).

A. 非常接近 10 的数　　　　　　　B. 初一个子高的同学

C. 小于 5 的有理数　　　　　　　　D. 喜欢看的小说

(2)下列各命题正确的是(　　).

A. $0 \subseteq \{0,1\}$　　　　B. $0 \in \{0,1\}$　　　　C. $\varnothing = \{0\}$　　　　D. $\varnothing \in \{0\}$

(3)设集合 $M = \{1,2\}$，$N = \{0,1,2\}$，则(　　).

A. $M \subsetneqq N$　　　　B. $N \subsetneqq M$　　　　C. $M = N$　　　　D. $M \in N$

(4)若集合 $M = \{a,b,c\}$，$N = \{b,c,d,e\}$，则 $M \bigcap N = ($　　$)$.

A. $\{a,d,e\}$　　　　　　　　　　　B. $\{b,c\}$

C. $\{a,b,c,d,e\}$　　　　　　　　　D. $\varnothing$

(5)若集合 $M = \{3,5,7,9\}$. $N = \{2,3,4,5\}$，则 $M \bigcup N = ($　　$)$.

A. $\{2,4,7,9\}$　　　　　　　　　　B. $\{3,5\}$

C. $\{2,3,4,5,7,9\}$　　　　　　　　D. $\varnothing$

(6)若全集 $U = \{1,2,3,4,5,6,7\}$，集合 $M = \{1,5,6,7\}$，$N = \{2,3,5\}$，则
$\complement_U (M \bigcup N) = ($　　$)$.

A. $\{4\}$　　　　　　　　　　　　　B. $\{1,2,3,5,6,7\}$

C. $\{1,4,6,7\}$　　　　　　　　　　D. $\{2,3,4\}$

(7)$|x| = 4$ 是 $x = 4$ 的(　　).

A. 充分不必要条件　　　　　　　　B. 必要不充分条件

C. 充分必要条件　　　　　　　　　D. 既不充分也不必要条件

2. 用列举法写出与下列集合相等的集合．

(1)$A = \{x \mid x \geqslant 1$ 且 $x \leqslant 4, x \in \mathbf{N}_+\}$；

(2)$B = \{$在 $1 \sim 20$ 之间 6 的公倍数$\}$；

(3)$C = \{$在 $1 \sim 15$ 之间的质数$\}$；

3. 用适当的方法表示下列集合：

(1)由 a,b,c 构成的集合;

(2)大于 15 的所有自然数构成的集合;

(3)绝对值等于 5 的数的集合;

(4)9 的平方根构成的集合.

4. 填空题:

(1)由 1 个元素组成的集合的子集有＿＿个,

由 2 个元素组成的集合的子集有＿＿个,

由 3 个元素组成的集合的子集有＿＿个,

由 4 个元素组成的集合的子集有＿＿个.

(2)根据(1)归纳出由 n 个元素组成的集合的子集有＿＿个.

(3)如果集合 M 的真子集有 15 个,那么集合 M 中有＿＿个元素.

5. 设 $A=\{x\,|\,x^2+ax+3=0\}$, $B=\{x\,|\,x^2+5x+b=0\}$,如果 $A\bigcap B=\{-3\}$,求 a,b 的值.

6. 已知全集 $S=\{x\,|\,x\leqslant 10, x\in \mathbf{N}\}$,集合 $A=\{0,1,2,3,9\}$, $B=\{5,6,7,8,9\}$,求 $A\bigcap B, A\bigcup B, (\complement_S A)\bigcap(\complement_S B), (\complement_S A)\bigcup(\complement_S B)$.

第2章 不 等 式

我们考察事物,经常要进行大小、轻重、长短的比较,在数学中,我们应用等式和不等式知识研究这类问题。不等式是进一步学习数学和其他科学的基础。我们在这里主要学习不等式的基本性质及其解法.

2.1 不等式的性质

本节重点知识:

1. 不等式的基本性质.

2. 不等式的性质.

1. 不等式的基本性质

在初中我们学习了实数大小的比较,结合实数减法运算,对任意两个实数 a 和 b,它们具有以下基本性质:

$$a-b>0 \Leftrightarrow a>b;$$
$$a-b<0 \Leftrightarrow a<b;$$
$$a-b=0 \Leftrightarrow a=b.$$

也就是说,如果 $a-b$ 是正数,那么 $a>b$;如果 $a-b$ 是负数,那么 $a<b$;如果 $a-b$ 是 0;那么 $a=b$. 反过来也正确.

这个性质把实数的大小与减法运算结果联系起来,是比较实数大小的一种基本指导思想.

例 1 比较 $\dfrac{3}{4}$ 和 $\dfrac{5}{7}$ 的大小.

分析 要比较两个实数的大小,只要将这两个实数作差,作差后根据上述性质得出结论.

解 因为 $\dfrac{3}{4}-\dfrac{5}{7}=\dfrac{21-20}{28}=\dfrac{1}{28}>0$,

所以 $\dfrac{3}{4}>\dfrac{5}{7}$.

例 2 比较 $-\dfrac{4}{5}$ 和 $-\dfrac{2}{3}$ 的大小.

分析 对于两个负数的大小比较,方法同例 1,但要注意符号变化.

解 因为 $-\dfrac{4}{5}-\left(-\dfrac{2}{3}\right)=-\dfrac{12}{15}+\dfrac{10}{15}=-\dfrac{2}{15}<0$,

所以 $-\dfrac{4}{5}<-\dfrac{2}{3}$.

上例中的计算方法叫做**作差比较法**.经常用于两个实数、两个代数式大小的比较,不等式的证明等.

结合上例,解题步骤整理为:

① 作差;

② 求差;

③ 判断符号;

④ 得出结论.

练一练

比较下列各对实数的大小:

(1) $\dfrac{3}{7}$ 与 $\dfrac{5}{9}$;   (2) $-\dfrac{4}{5}$ 与 $-\dfrac{7}{8}$;   (3) $-\dfrac{5}{8}$ 与 $-\dfrac{7}{9}$.

例 3 比较 $(a+3)(a-5)$ 与 $(a+2)(a-4)$ 的大小.

解 因为 $(a+3)(a-5)-(a+2)(a-4)$

$$=(a^2-2a-15)-(a^2-2a-8)$$

$$=-7<0,$$

所以 $(a+3)(a-5)<(a+2)(a-4)$.

例 4 比较 $(a+2)^2$ 与 $4a-1$ 的大小.

解 因为 $(a+2)^2-(4a-1)$

$$=(a^2+4a+4)-(4a-1)$$

$$=a^2+5>0,$$

所以 $(a+2)^2>4a-1$.

例 5 比较 $(a+1)^2$ 与 $2a+1$ 的大小.

解 因为 $(a+1)^2-(2a+1)$

$$=(a^2+2a+1)-(2a+1)$$

$$=a^2\geqslant 0$$

所以 $(a+1)^2\geqslant 2a+1$.3

其中,当 $a=0$ 时,$(a+1)^2=2a+1$;当 $a\neq 0$ 时,$(a+1)^2>2a+1$.

上例中,两个代数式作差后得出三类结果,"c""a^2""$a^2+|c|$"($c\neq 0$),其中常数 c 可直接确定正负;当 a 无论取何值时,a^2 都是非负数,则应从 $a=0$,$a\neq 0$ 两方面进

行讨论；$a^2+|c|$ 为正数.

练一练

比较下列两个代数式的大小：

(1)$(a+1)(a-4)$ 与 $(a-1)(a-2)$；　　(2)$(a+3)(a-1)$ 与 $(a+1)^2$；

(3)$(a+5)(a-1)$ 与 $4a-6$；　　(4)$(a+1)^2$ 与 $2a-3$；

(5)$(a+2)(a+5)$ 与 $7a+10$；　　(6)$(a-5)^2$ 与 $25-10a$.

2. 不等式的性质

我们从实数大小的基本性质出发，研究不等式的一些重要性质.

性质 1　如果 $a>b$，那么 $b<a$；反过来，如果 $b<a$，那么 $a>b$. 也就是 $a>b \Leftrightarrow b<a$.

性质 2　如果 $a>b,b>c$，那么 $a>c$. 也就是 $a>b,b>c \Rightarrow a>c$.

证明　因为 $a>b,b>c$，

所以 $a-b>0,b-c>0$，

而 $(a-b)+(b-c)>0$，

整理，得 $a-c>0$，

所以 $a>c$.

因此 $a>b,b>c \Rightarrow a>c$.

性质 3　如果 $a>b$，那么 $a+c>b+c$. 也就是说 $a>b \Rightarrow a+c>b+c$.

证明　因为 $a>b$.

所以 $a-b>0$.

而 $(a+c)-(b+c)=a-b>0$，

所以 $a+c>b+c$.

因此 $a>b \Rightarrow a+c>b+c$.

性质 3 表明，不等式的两边同时加上（或同时减去）同一个实数，不等号的方向不变. 上述性质 3 的证明方法，通常叫做**作差比较法**.

推论　$a>b,c>d \Rightarrow a+c>b+d$.

练一练

1. 选用适当符合（"$>$""$<$"）填入空格：

(1)若 $a>b$，则 $a+3$ ____ $b+3,a-7$ ____ $b-7$；

(2)若 $a>b$，则 $a+\dfrac{3}{2}$ ____ $b+\dfrac{3}{2},a-0.2$ ____ $b-0.2$；

(3)若 $a>b$，则 $a+5$ ____ $b+3,a-1$ ____ $b-3$；

(4)若 $a>b$,则 $a+\dfrac{3}{4}$ ____ $b+\dfrac{2}{5}$, $a-\dfrac{2}{3}$ ____ $b-\dfrac{3}{4}$;

(5)若 $x+4>7$,则 x ____ 3;

(6)若 $x-5<2$,则 x ____ 7.

(7) $x+5$ ____ $x+7$, $x-4$ ____ $x-3$;

想一想

观察下列不等式,并猜想其中的规律:

$9>6 \Rightarrow 9\times 3>6\times 3$;

$9>6 \Rightarrow 9\times \dfrac{1}{3}>6\times \dfrac{1}{3}$;

$9>6 \Rightarrow 9\times(-3)=-27<-18=6\times(-3)$;

$9>6 \Rightarrow 9\times\left(-\dfrac{1}{3}\right)=-3<-2=6\times\left(-\dfrac{1}{3}\right)$.

性质 4 如果 $a>b,c>0$,那么 $ac>bc$;如果 $a>b,c<0$,那么 $ac<bc$. 即有

$$a>b,c>0 \Rightarrow ac>bc; \quad a>b,c<0 \Rightarrow ac<bc.$$

证明 因为 $a>b$,所以 $a-b>0$.

当 $c>0$ 时,由实数乘法符号法则,得 $c(a-b)>0$,即 $ac>bc$.

因此 $a>b,c>0 \Rightarrow ac>bc$.

因为 $a>b$,所以 $a-b>0$.

当 $c<0$ 时,由实数乘法符号法则,得 $c(a-b)<0$,即 $ac<bc$.

因此 $a>b,c<0 \Rightarrow ac<bc$.

性质 4 表明,不等式的两边同时乘以同一个正数,不等号的方向不变;不等式的两边同时乘以同一个负数,不等号的方向改变.

推论 1 若 $a>b>0,c>d>0$,则 $ac>bd$.

推论 2 若 $a>b>0$,则 $a^n>b^n (n\in \mathbf{N}_+ ,n>1)$.

推论 3 若 $a>b>0$,则 $\dfrac{1}{a}<\dfrac{1}{b}$;若 $a<b<0$,则 $\dfrac{1}{a}>\dfrac{1}{b}$.

推论 4 若 $a>0>b$,则 $\dfrac{1}{a}>\dfrac{1}{b}$.

其中推论 $3,4$ 表明,不等式两边同号时,同时取倒数,不等号方向改变;不等式两边异号时,同时取倒数,不等号方向不变.

例 6 已知: $a>b>0$,求证: $\sqrt[n]{a}>\sqrt[n]{b} (n\in \mathbf{N}_+ ,n>1)$.

证明 用反证法证明.

假定 $\sqrt[n]{a} \leqslant \sqrt[n]{b}$，即 $\sqrt[n]{a} < \sqrt[n]{b}$ 或 $\sqrt[n]{a} = \sqrt[n]{b}$，根据性质 4 的推论 2，得

$$\sqrt[n]{a} < \sqrt[n]{b} \Rightarrow a < b;$$

或根据根式性质，得

$$\sqrt[n]{a} = \sqrt[n]{b} \Rightarrow a = b.$$

这都与 $a > b$ 矛盾，所以 $\sqrt[n]{a} > \sqrt[n]{b}$ 成立．由此我们得到不等式的又一重要性质：

性质 5　$a > b > 0 \Rightarrow \sqrt[n]{a} > \sqrt[n]{b}$（$n \in \mathbf{N}_+, n > 1$）．

练一练

用"$>$""$<$""$\neq$"填空：

(1) 当 c _____ 0 时，$a > b \Rightarrow ac > bc$；

(2) 当 c _____ 0 时，$a > b \Rightarrow ac^2 > bc^2$；

(3) 当 c _____ 0 时，$a > b \Rightarrow ac < bc$；

(4) 若 $a > b$，则 $2a$ _____ $2b$，$-5a$ _____ $-5b$；

(5) 若 $a > b$，则 $\dfrac{2}{3}a$ _____ $\dfrac{2}{3}b$，$-\dfrac{5}{7}a$ _____ $-\dfrac{5}{7}b$；

(6) 若 $a > b > 0$，则 $7a$ _____ $3b$，$\dfrac{5}{7}a$ _____ $\dfrac{5}{8}b$；

(7) 若 $a > b > 0$，则 a^3 _____ b^3，a^6 _____ b^6；

(8) 若 $a > b > 0$，则 $\sqrt{a}$ _____ $\sqrt{b}$，$\sqrt[3]{2a}$ _____ $\sqrt[3]{2b}$；

(9) 若 $a > b > 0$，则 $\dfrac{1}{a}$ _____ $\dfrac{1}{b}$，$\dfrac{3}{a}$ _____ $\dfrac{3}{b}$，$-\dfrac{5}{a}$ _____ $-\dfrac{5}{b}$；

(10) 若 $a < b < 0$，则 $\dfrac{1}{a}$ _____ $\dfrac{1}{b}$，$\dfrac{7}{a}$ _____ $\dfrac{7}{b}$，$-\dfrac{11}{a}$ _____ $-\dfrac{11}{b}$；

(11) 若 $a > 0 > b$，则 $\dfrac{1}{a}$ _____ $\dfrac{1}{b}$，$\dfrac{4}{a}$ _____ $\dfrac{4}{b}$，$-\dfrac{8}{a}$ _____ $-\dfrac{8}{b}$；

(12) 若 $4a < 4b$，则 a _____ b；若 $-7a < -7b$，则 a _____ b；

(13) 若 $3x > 8x$，则 x _____ 0；若 $9x > 2x$，则 x _____ 0．

习　题　2.1

一、选择题

1. 下列实数比较大小，正确的是（　　）．

A. $-3 < -5$　　B. $-\dfrac{1}{2} < -\dfrac{1}{3}$　　C. $-\sqrt{2} > -1.5$　　D. $\dfrac{1}{2} < \dfrac{1}{3}$

2. 下列实数比较大小,错误的是(　　).

A. $-\dfrac{1}{4}<-\dfrac{1}{5}$　B. $\dfrac{1}{2}>\dfrac{1}{3}$　　C. $-\sqrt{2}>-1$　　D. $5<7$

3. 设 $P=(x-1)(x+3)$,$Q=(x+1)^2$,则 P 与 Q 的大小关系是(　　).

A. $P\leqslant Q$　　　B. $P<Q$　　　C. $P\geqslant Q$　　　D. $P>Q$

4. 已知 $a>b$,则下列式子错误的是(　　).

A. $a-3>b-3$　B. $-5a<-5b$　　C. $a+10<b+9$　　D. $a-b>0$

5. 下列不等式正确的是(　　).

A. $4-a>2-a$　B. $7a>5a$　　C. $\dfrac{5}{a}>\dfrac{3}{a}$　　　D. $5+a>2-a$

6. 下列命题正确的是(　　).

A. $a>b\Rightarrow a-c<b-c$　　　B. $a>b\Rightarrow a+c>b+c$

C. $a>b,c>0\Rightarrow ac<bc$　　　D. $a>b,c<0\Rightarrow ac<bc$

7. 已知 $a<b<0$,下列式子正确的是(　　).

A. $\dfrac{1}{a}<\dfrac{1}{b}$　　B. $\dfrac{a}{b}>1$　　C. $|a|<|b|$　　　D. $-a<-b$

8. 下列命题正确的是(　　).

A. 若 $ac>bc$,则 $a>b$　　　B. 若 $\dfrac{1}{a}<1$,则 $a>1$

C. 若 $a>b$,则 $\dfrac{1}{a}>\dfrac{1}{b}$　　　D. 若 $a^2>b^2$,$ab>0$,则 $\dfrac{b}{a}<\dfrac{a}{b}$

二、填空题

用">"或"<"填空:

(1) 10 ＿＿ 8;　　　　　　　　(2) -3 ＿＿ -5;

(3) $\dfrac{2}{5}$ ＿＿ $\dfrac{3}{4}$;　　　　　　　(4) $-\dfrac{8}{11}$ ＿＿ $-\dfrac{7}{10}$;

(5) $(x+2)^2$ ＿＿ $x(x+4)$;　　　(6) $a-3$ ＿＿ $a-5$;

(7) 若 $m-n>0$,则 m ＿＿ n;若 $a<b$,则 $a-b$ ＿＿ 0;

(8) $a-3$ ＿＿ $a-5$;$b+1$ ＿＿ $b+4$;

(9) 若 $a>b$,则 $a+2$ ＿＿ $b+2$;$a-2$ ＿＿ $b-8$;

若 $a<b$,则 $a-7$ ＿＿ $b-7$;$a+3$ ＿＿ $b+5$;

(10) 若 $x+4>7$ 则 x ＿＿ 3;

(11) 若 $a>0$,则 $9a$ ＿＿ $4a$;$-3a$ ＿＿ $-5a$;$0.5a$ ＿＿ $-2a$;

若 $a<0$,则 $5a$ ＿＿ $3a$;$-7a$ ＿＿ $-9a$;$-0.5a$ ＿＿ $4a$;

(12) 若 $a>b$,则 $9a$ ＿＿ $9b$;$-7a$ ＿＿ $-7b$;

若 $a<b$,则 $11a$ ＿＿ $11b$;$-0.5a$ ＿＿ $-0.5b$;

(13)若 $a>b>0$,则 $\dfrac{2}{a}$＿＿$\dfrac{2}{b}$;$\dfrac{3}{a}$＿＿$\dfrac{5}{b}$;a^2＿＿b^2;

(14)若 $a<b<0$,则 $\dfrac{1}{a}$＿＿$\dfrac{1}{b}$;$|a|$＿＿$|b|$.

三、判断题

1. 如果 $a>b,c>d$,那么 $ac<bd$.　　　　　　　　　　(　　)

2. 如果 $a>b,c>d$,那么 $a+c>b+d$.　　　　　　　　(　　)

3. 如果 $a>b>0,c>d>0$,那么 $ac>bd$.　　　　　　　(　　)

4. 如果 $a>b$,那么 $2a>2b$.　　　　　　　　　　　(　　)

5. 如果 $a>b$,那么 $-5a>-5b$.　　　　　　　　　　(　　)

6. 若 $3b^2<5b^2$ 成立,则 $b\neq0$.　　　　　　　　　(　　)

四、计算题

1. 比较 $(a+4)(a-7)$ 与 $(a+1)(a-4)$ 的大小.

2. 比较 $(a-1)(a-5)$ 与 $(a-2)(a-4)$ 的大小.

3. 比较 $(a+4)(a+5)$ 与 $(a+3)(a+6)$ 的大小.

4. 比较 $(x-1)(x-3)$ 与 $(x-2)^2$ 的大小.

5. 比较 $(x-3)^2$ 与 $(x-2)(x-4)$ 的大小.

6. 比较 $(x+5)^2$ 与 $(x+4)(x+6)$ 的大小.

7. 比较 $(x+1)^2$ 与 $2x+1$ 的大小.

8. 比较 $(x+2)^2$ 与 $4x+4$ 的大小.

2.2　区间的概念

本节重点知识：

1. 有限区间.

2. 无限区间.

2.2.1　有限区间

设 a,b 为任意两个实数,且 $a<b$.

(1)满足不等式 $a\leqslant x\leqslant b$ 的实数 x 的集合 $\{x|a\leqslant x\leqslant b\}$,称为闭区间,记作 $[a,b]$(见图 $2-1(a)$);

(2)满足不等式 $a<x<b$ 的实数 x 的集合 $\{x|a<x<b\}$,称为开区间,记作 (a,b)(见图 $2-1(b)$);

(3)满足不等式 $a\leqslant x<b$ 的实数 x 的集合 $\{x|a\leqslant x<b\}$ 或满足不等式 $a<x\leqslant b$ 的实数 x 的集合 $\{x|a<x\leqslant b\}$,均称为半开半闭区间,分别记作 $[a,b)$ 或 $(a,b]$(见

图 2-1(c)(d)).

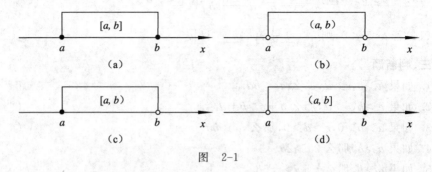

(a)　　　　　　　(b)

(c)　　　　　　　(d)

图　2-1

a 和 b 叫做区间的**端点**. 在数轴上表示一个区间时,区间包括端点,则端点用实心点表示;区间不包括端点,则端点用空心点表示.

2.2.2　无限区间

全体实数也可用区间表示为 $(-\infty, +\infty)$,符号"$+\infty$"读作"正无穷大","$-\infty$"读作"负无穷大".

满足 $x \geqslant a$ 的全体实数的集合,可记作 $[a, +\infty)$(见图 2-2(a));

满足 $x > a$ 的全体实数的集合,可记作 $(a, +\infty)$(见图 2-2(b));

满足 $x \leqslant a$ 的全体实数的集合,可记作 $(-\infty, a]$(见图 2-2(c));

满足 $x < a$ 的全体实数的集合,可记作 $(-\infty, a)$(见图 2-2(d)).

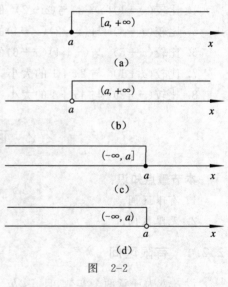

(a)

(b)

(c)

(d)

图　2-2

从以上的例子可以看出,一个与实数相关的集合可以用不等式、区间或集合等多种形式表示;也可以用数轴上相应的点集表示,在使用时,可以根据需要灵活运用.

例 1　试用区间表示下列不等式的解集:

(1) $-2 < x < 5$;　　(2) $x \geqslant -1$;　　(3) $x < 0$;　　(4) $0 < x \leqslant \dfrac{7}{2}$.

解　(1) $(-2, 5)$;　(2) $[-1, +\infty)$;　(3) $(-\infty, 0)$;　(4) $\left(0, \dfrac{7}{2}\right]$.

例 2　用集合的性质描述法表示下列区间:

$(1)[-5,0]$;　　$(2)(-\dfrac{3}{4},2]$;　　$(3)(-\infty,7)$;　　$(4)[0.2,+\infty)$.

解　$(1)\{x\mid-5\leqslant x\leqslant0\}$;　　$(2)\{x\mid-\dfrac{3}{4}<x\leqslant2\}$;

$(3)\{x\mid x<7\}$;　　　　　$(4)\{x\mid x\geqslant0.2\}$.

例3　用区间表示集合$\{x\mid x\leqslant-1$或$x>2\}$,并在数轴上表示出来.

解　区间表示为$(-\infty,-1]\cup(2,+\infty)$;

数轴表示如图 2-3 所示.

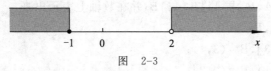

图　2-3

例4　已知$A=[-1,5),B=(-2,3]$,求$A\cap B,A\cup B$.

分析　将两个区间在同一个数轴上分别表示出来,其中公共部分即为两个区间的交集,两个区间覆盖的全部范围即为两个区间的并集,如图 2-4(a)(b)所示.

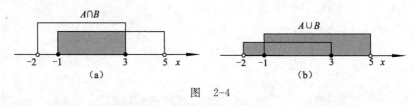

图　2-4

解　$A\cap B=[-1,5)\cap(-2,3]=[-1,3]$;

$A\cup B=[-1,5)\cup(-2,3]=(-2,5)$.

练一练

(1)已知$A=[0,5),B=(-1,2)$,求$A\cap B,A\cup B$;

(2)已知$A=(-3,7],B=(1,2)$,求$A\cap B,A\cup B$;

(3)已知$A=(-\infty,-1),B=[-2,2)$,求$A\cap B,A\cup B$;

(4)已知$A=(-\infty,2),B=(-3,+\infty)$,求$A\cap B,A\cup B$;

(5)已知$A=(-3,0),B=(0,+\infty)$,求$A\cap B,A\cup B$.

习　题　2.2

1.用集合的性质描述法,写出下列不等式的解集:

$(1)-5<x<4$;　　　　$(2)2\leqslant x\leqslant7$;　　　　$(3)-2\leqslant x<1$;

(4)$0 < x \leqslant 3$;　　　　　(5)$x \geqslant -3$;　　　　　(6)$x < 8$.

2. 用区间表示下列不等式的解集,并在数轴上表示这些区间:

(1)$-1 \leqslant x \leqslant 2$;　　　(2)$-3 < x < 8$;　　　(3)$4 \leqslant x < 5$;

(4)$-7 < x \leqslant 9$;　　　(5)$x \leqslant -1$;　　　(6)$x > 6$.

3. 用区间表示下列集合:

(1)$\{x | -4 \leqslant x < 2\}$;　　　(2)$\{x | -3 < x < 5\}$;

(3)$\{x | x \geqslant 0\}$;　　　(4)$\{x | x < -1\}$.

4. 已知集合 A, B,求 $A \cup B, A \cap B$,并在数轴上表示出来:

(1)$A = [1, 3), B = [0, 2]$;

(2)$A = (-5, 3], B = (3, 4)$;

(3)$A = [-1, 1), B = (0, 2]$;

(4)$A = (-2, 3], B = [0, 10)$;

(5)$A = (-2, 0), B = (1, 3)$;

(6)$A = [0, 5], B = (1, 4)$;

(7)$A = (-\infty, 2), B = [2, 5]$;

(8)$A = (1, 4], B = (0, +\infty)$;

(9)$A = (-\infty, 0], B = [0, +\infty)$;

(10)$A = (-\infty, 4), B = (1, +\infty)$.

2.3　一元一次不等式(组)的解法

本节重点知识:

1. 一元一次不等式及解法.

2. 一元一次不等式组及解法.

2.3.1　一元一次不等式及其解法

如不等式 $x + 2 > 5$,只含一个未知数且未知数指数为 1 的不等式叫做**一元一次不等式**.

其中,使不等式成立的未知数的值的全体,通常称为这个不等式的解集.

例 1　解不等式 $2x + 1 < 9$.

解　原不等式可化为:

$$2x < 8,$$

$$x < 4.$$

所以原不等式的解集为 $\{x | x < 4\}$,即 $(-\infty, 4)$.

例 2　解不等式 $3x-2>\dfrac{x}{2}+\dfrac{4}{3}$.

解　原不等式可化为：

$$18x-12>3x+8,$$
$$15x>20,$$
$$x>\frac{4}{3}.$$

所以原不等式的解集为 $\left\{x\mid x>\dfrac{4}{3}\right\}$，即 $\left(\dfrac{4}{3},+\infty\right)$.

例 3　解不等式 $\dfrac{x-3}{2}+\dfrac{5}{3}\geqslant\dfrac{2x}{3}+1$.

解　原不等式可化为：

$$3(x-3)+10\geqslant4x+6,$$
$$3x-9+10\geqslant4x+6,$$
$$-x\geqslant5,$$
$$x\leqslant-5.$$

所以原不等式的解集为 $\{x\mid x\leqslant-5\}$，即 $(-\infty,-5]$.

例 4　解不等式 $3(x+1)+\dfrac{x-2}{3}>\dfrac{5x}{2}-1$.

解　由不等式可得

$$18(x+1)+2(x-2)>15x-6,$$
$$18x+18+2x-4>15x-6,$$
$$18x+2x-15x>-6+4-18,$$
$$5x>-20.$$
$$x>-4.$$

所以原不等式的解集是 $\{x\mid x>-4\}$，即 $(-4,+\infty)$.

一元一次不等式解题步骤：

S1　整理（通过去分母、去括号、移项等计算将含有未知数项移到不等式一边，常数项移到不等式另一边，其中注意移动的项要变号）；

S2　合并同类项，化成 $ax>b$ 或 $ax<b(a\neq0)$ 的形式；

S3　系数化为 1，不等式两边同时除以未知数的系数，得出不等式的解为 $x>\dfrac{b}{a}$ 或 $x<\dfrac{b}{a}$（注意，系数为正数时，不等号方向不变；系数为负数时，不等号的方向要发生改变）；

S4　写出解集及相应的区间表示.

上述解题步骤，可以根据具体情况灵活运用.

练一练

解下列不等式:

(1)$3(x+1)+2x>8$;　　　(2)$2x+3<7-2x$;

(3)$2(x-3)+1\geqslant 3x+4$;　　　(4)$x+\dfrac{3x-4}{2}\leqslant 1$;

(5)$\dfrac{3x}{4}-\dfrac{2x-1}{2}>1$;　　　(6)$\dfrac{x}{4}+\dfrac{2x-5}{3}\leqslant 2$;

(7)$\dfrac{x}{2}+\dfrac{x-1}{3}\leqslant 3+\dfrac{4x}{3}$;　　　(8)$2(x-3)+\dfrac{x+1}{2}\geqslant 2+\dfrac{2x}{5}$.

2.3.2　一元一次不等式组及其解法

一般地,由几个一元一次不等式所组成的不等式组,叫做**一元一次不等式组**.

例5　解下列不等式组:

(1)$\begin{cases}2x-3x\geqslant 4,\\ x+\dfrac{1}{2}x\leqslant -1;\end{cases}$　　　(2)$\begin{cases}5x-7x\geqslant -5x-6,\\ \dfrac{1}{3}x+\dfrac{1}{2}x-5<0.\end{cases}$

解　(1)由原不等式组可化为

$$\begin{cases}x\leqslant -4,\\ \dfrac{3}{2}x\leqslant -1,\end{cases}$$

解得

$$\begin{cases}x\leqslant -4,\\ x\leqslant -\dfrac{2}{3},\end{cases}$$

即

$$x\leqslant -4.$$

所以原不等式组的解集为$\{x\mid x\leqslant -4\}$,区间表示为$(-\infty,-4]$.

(2)由原不等式组可化为

$$\begin{cases}3x\geqslant -6,\\ \dfrac{5}{6}x<5,\end{cases}$$

解得

$$\begin{cases}x\geqslant -2,\\ x<6.\end{cases}$$

即

$$-2\leqslant x<6.$$

即原不等式组的解集为$\{x\mid -2\leqslant x<6\}$,区间表示为$[-2,6)$.

根据上例得出以下结论:

常见一元一次不等式组,设 $a, b \in \mathbf{R}$,且 $a < b$.

(1) $\begin{cases} x > a \\ x > b \end{cases} \Rightarrow \{x \mid x > b\}$;

　　同大取大

(2) $\begin{cases} x < a \\ x < b \end{cases} \Rightarrow \{x \mid x < a\}$;

　　同小取小

(3) $\begin{cases} x > a \\ x < b \end{cases} \Rightarrow \{x \mid a < x < b\}$;

　　大小取中

(4) $\begin{cases} x < a \\ x > b \end{cases} \Rightarrow \varnothing$.

　　小大取空

一元一次不等式组解题步骤:

S1　解一元一次不等式;

S2　确定不等式组的解;

S3　写出解集及区间.

练一练

解下列不等式组:

(1) $\begin{cases} 5x - 4 < 2 - 3x, \\ -4x > 1; \end{cases}$

(2) $\begin{cases} 2x + 5 > -3, \\ \dfrac{x}{2} - 1 > -x; \end{cases}$

(3) $\begin{cases} 3x + 4 \geqslant x - 2, \\ \dfrac{5x}{2} - 1 < 2x; \end{cases}$

(4) $\begin{cases} 2x > -3; \\ 2x - 3 > 3x + 2. \end{cases}$

习　题　2.3

1. 解下列不等式:

(1) $2x + 3x \geqslant 10$;

(2) $\dfrac{1}{2}x - \dfrac{1}{3}x \leqslant 4$;

(3) $x + 4x \leqslant 3x + 2$;

(4) $x - 3x + 5 > 4\left(\dfrac{1}{3}x - \dfrac{1}{4}x\right)$.

2. 解下列不等式组:

(1) $\begin{cases} 3x \geqslant 1, \\ 4x \geqslant 1; \end{cases}$

(2) $\begin{cases} 3x + (3 - x) > 5, \\ 4x - 5 \leqslant \dfrac{x}{4} - \dfrac{3}{2}; \end{cases}$

(3) $\begin{cases} 5x - 6 \geqslant 4, \\ 2x - 13 < 3; \end{cases}$

(4) $\begin{cases} 4x \leqslant -1, \\ \dfrac{x}{3} - 2x \geqslant 0; \end{cases}$

$(5)\begin{cases}\dfrac{1}{5}x-2x\leqslant x-3,\\[2mm]\dfrac{1}{2}x+\dfrac{1}{3}x<\dfrac{1}{4}x-\dfrac{1}{4};\end{cases}$　　　　$(6)\begin{cases}4x\leqslant 1,\\[2mm]\dfrac{x}{3}-2x>0;\end{cases}$

$(7)\begin{cases}(x^2+3)(x-3)<0,\\[2mm]5x+3\leqslant 7x-9;\end{cases}$　　　　$(8)\begin{cases}\dfrac{1}{2}x-\dfrac{1}{4}x<1,\\[2mm]3(x-2)<3.\end{cases}$

2.4　一元二次不等式及其解法

本节重点知识:

1. 一元二次不等式.

2. 一元二次不等式的解法.

1. 一元二次不等式

含有一个未知数而且未知数的最高指数是 2 的不等式,叫做**一元二次不等式**,它的一般形式是

$ax^2+bx+c>0,ax^2+bx+c<0$ 或 $ax^2+bx+c\geqslant 0,ax^2+bx+c\leqslant 0$,其中 $a\neq 0$.

满足一元二次不等式的未知数的取值范围,通常叫做这个不等式的解集.

2. 一元二次不等式的解法

例 1　解下列不等式:

$(1)x^2-4x>0$;　　　　　　　　$(2)2x^2<-3x.$

分析　(1)因为 $x^2-4x=x(x-4)$,原不等式可以整理为 $x(x-4)>0$,结合两式相乘同号为正,异号为负,可知当 $x(x-4)>0$ 时,x 与 $x-4$ 同号;题(2)同题(1).

解　(1)因为 $x^2-4x=x(x-4)$,

即有　　　　　　　　　　　　　　$x(x-4)>0.$

原不等式可以化成为不等式组:

①$\begin{cases}x>0,\\x-4>0.\end{cases}$ 或　②$\begin{cases}x<0,\\x-4<0.\end{cases}$

① 的解集是 $\{x|x>4\}$;

② 的解集是 $\{x|x<0\}$.

所以原不等式的解集为 $\{x|x>4$ 或 $x<0\}$,即 $(-\infty,0)\bigcup(4,+\infty)$.

(2)原不等式经过整理,得 $2x^2+3x<0$,

因为　　　　　　　　　　　　$2x^2+3x=x(2x+3)$,

即有　　　　　　　　　　　　　　$x(2x+3)<0.$

原不等式可以化为不等式组:

$$①\begin{cases} x>0, \\ 2x+3<0. \end{cases} \quad 或 \quad ②\begin{cases} x<0, \\ 2x+3>0. \end{cases}$$

①的解集是空集；

②的解集是 $\{x\mid -\dfrac{3}{2}<x<0\}$.

所以原不等式的解集是 $\{x\mid -\dfrac{3}{2}<x<0\}$，即 $\left(-\dfrac{3}{2},0\right)$.

从上例，我们可以看到，一元二次不等式可转化为一元一次不等式组求解，同时，还可以结合一元二次方程及二次函数的图像解题．

$ax^2+bx+c>0(a>0)$ 的解集可以看作二次函数 $y=ax^2+bx+c$ 的图像在 x 轴上方的部分（即 $y>0$）；$ax^2+bx+c<0(a>0)$ 的解集可以看作二次函数 $y=ax^2+bx+c$ 的图像在 x 轴下方的部分（即 $y<0$），如图 2-5 所示．

结合图 2-5，我们可知，解不等式 $ax^2+bx+c>0$ $(a>0)$ 首先要判断抛物线与 x 轴是否有交点，即 Δ 的判定，再结合不等式的具体情况得出解集．

当 $\Delta>0$ 时，图像与 x 轴有两个交点，不等式大于 0，则取交点的两端（大于大数或小于小数）；不等式小于 0，则取交点的中间（大于小数且小于大数）；

当 $\Delta<0$ 时，图像与 x 轴没有交点，不等式大于 0，则取全体实数，不等式小于 0 时，则取 $\varnothing$．

当 $\Delta=0$ 时，图像与 x 轴有一个交点，不等式大于 0，则取交点以外的所有值，不等式小于 0，则取 $\varnothing$．

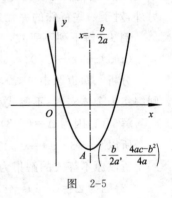

图　2-5

例 2　解下列不等式：

(1) $x^2-3x-4>0$；　(2) $x^2-2x-8<0$．

分析　首先观察不等式是否满足 $a>0$，其次设方程并判定 Δ，同时求出方程的根，最后结合不等号写出解集．

解　(1) 因为 $\Delta=(-3)^2-4\times1\times(-4)=25>0$，

所以 $x^2-3x-4=0$ 的解为 $x_1=-1, x_2=4$，

所以原不等式的解集为 $\{x\mid x>4$ 或 $x<-1\}$，

即 $(-\infty,-1)\bigcup(4,+\infty)$．

(2) 因为 $\Delta=(-2)^2-4\times1\times(-8)=36>0$，

所以 $x^2-2x-8=0$ 的解为 $x_1=-2, x_2=4$，

所以原不等式的解集为 $\{x\mid -2<x<4\}$，即 $(-2,4)$．

🪐 **练一练**

解下列不等式:

(1)$x^2-4x+3>0$;　　(2)$x^2-3x-10<0$;

(3)$x^2+5x+6>0$;　　(4)$x^2-5x-6<0$;

(5)$x^2-6x+8\geqslant0$;　　(6)$x^2+x-12\leqslant0$;

(7)$x^2+x-6\geqslant0$;　　(8)$x^2-7x+10\leqslant0$.

🪐 **想一想**

如例2,若$\Delta<0$呢?

从例2,我们可看到,某些一元二次不等式可转化为一元一次不等式组求解. 另外,对于一些特殊的一元二次不等式,要根据具体情况灵活解题.

例3 解下列不等式:

(1)$x^2-3x+4>0$;　　(2)$x^2-x+3<0$.

分析 两道题中$\Delta<0$,则需要根据不等式的符号来判断解集,不等式大于0, 则解集为全体实数;不等式小于0,解集为$\varnothing$.

解 (1)因为$\Delta=(-3)^2-4\times1\times4=-7<0$,

所以 $x^2-3x+4=0$ 无实数解,

所以原不等式的解集为 **R**,即$(-\infty,+\infty)$.

(2)因为$\Delta=(-1)^2-4\times1\times3=-11<0$,

所以 $x^2-x+3=0$ 无实数解,

所以原不等式的解集为$\varnothing$.

🪐 **练一练**

解下列不等式:

(1)$x^2+3x+4>0$;　　(2)$x^2-5x+7>0$;

(3)$x^2+x+5<0$;　　(4)$x^2-2x+3\leqslant0$.

例4 解下列不等式:

(1)$x^2-2x+1<0$;　　(2)$x^2-2x+1>0$.

分析 两道题都是$\Delta=0$,则需要根据不等式的符号来判断解集,不等式大于 0,则取交点以外的所有值,不等式小于0,则取$\varnothing$.

解 (1)因为$\Delta=(-2)^2-4\times1\times1=0$,

所以 $x^2-2x+1=0$ 的解为 $x_1=x_2=1$,

$$\begin{cases} 4x \leqslant 1, \\ \dfrac{x}{3} - 2x \geqslant 0. \end{cases}$$

所以原不等式的解集为 $\varnothing$.

(2)因为 $\Delta = (-2)^2 - 4 \times 1 \times 1 = 0$,

所以 $x^2 - 2x + 1 = 0$ 的解为 $x_1 = x_2 = 1$,

所以原不等式的解集为 $\{x \mid x \neq 1\}$,即 $(-\infty, 1) \bigcup (1, +\infty)$.

练一练

解下列不等式

(1)$x^2 + 4x + 4 > 0$;　　(2)$x^2 - 4x + 4 > 0$;

(3)$x^2 + 6x + 9 < 0$;　　(4)$x^2 - 6x + 9 < 0$.

根据上面的例子,我们得出求解一元二次不等式 $ax^2 + bx + c > 0$ 或 $ax^2 + bx + c < 0 (a > 0)$ 的步骤:

S1　判定 Δ,其中 $\Delta = b^2 - 4ac$;

S2　求方程的根;

S3　确定不等式的解集.

当 $\Delta > 0$ 时,方程有两个不相等的实数根 $x_1, x_2 (x_1 < x_2)$:

① $ax^2 + bx + c > 0$ 的解集为 $\{x \mid x > x_2$ 或 $x < x_1\}$,即 $(-\infty, x_1) \bigcup (x_2, +\infty)$;

② $ax^2 + bx + c < 0$ 的解集为 $\{x \mid x_1 < x < x_2\}$,即 (x_1, x_2).

当 $\Delta = 0$ 时,方程有两个相等的实数根 $x_1, x_2 (x_1 = x_2)$:

① $ax^2 + bx + c > 0$ 的解集为 $\{x \mid x \neq x_1\}$,即 $(-\infty, x_1) \bigcup (x_1, +\infty)$;

② $ax^2 + bx + c < 0$ 的解集为 $\varnothing$.

当 $\Delta < 0$ 时,方程没有实数根:

① $ax^2 + bx + c > 0$ 的解集为 **R**,即 $(-\infty, +\infty)$;

② $ax^2 + bx + c < 0$ 的解集为 $\varnothing$.

注意　当 $a < 0$ 时,则在已知不等式两端乘以 -1,即可化为 $a > 0$ 的情况求解.

例 5　解下列不等式:

(1)$-x^2 + x + 6 > 0$;　　(2)$-x^2 + 5x - 6 < 0$.

分析　通过观察发现不等式中 $a < 0$,当 $a < 0$ 时,应在已知不等式两端同时乘以 -1,即可化为 $a > 0$ 的情况解题.(注意不等式两边同时乘以负数,则不等号方向发生改变)

解　(1)原不等式整理得:$x^2 - x - 6 < 0$.

因为 $\Delta = (-1)^2 - 4 \times 1 \times (-6) = 25 > 0$,

所以 $x^2 - x - 6 = 0$ 的解为 $x_1 = -2, x_2 = 3$,

所以原不等式的解集为 $\{x\mid-2<x<3\}$,即 $(-2,3)$.

(2)原不等式整理得: $x^2-5x+6>0$.

因为 $\Delta=(-5)^2-4\times1\times6=1>0$,

所以 $x^2-5x+6=0$ 的解为 $x_1=2,x_2=3$,

所以原不等式的解集为 $\{x\mid x>3$ 或 $x<2\}$. 即 $(-\infty,2)\bigcup(3,+\infty)$.

习　题　2.4

1. 解下列不等式:

(1) $x^2\geqslant4$;　　　　　　　(2) $x^2\leqslant1$;　　　　　　　(3) $x^2>3$;

(4) $x^2<2$;　　　　　　　(5) $x^2\geqslant9$;　　　　　　　(6) $x^2\leqslant16$;

(7) $x^2\leqslant x$;　　　　　　　(8) $x^2>x$;　　　　　　　(9) $x^2>-x$.

2. 解下列不等式:

(1) $x^2-25\geqslant0$;　　　　　　(2) $(x-1)^2\leqslant36$;

(3) $x^2+2x-15<0$;　　　　　(4) $x^2+3x-18>0$;

(5) $x^2-4x+3>0$;　　　　　(6) $x^2+7x-30\leqslant0$.

3. 解下列不等式:

(1) $4x^2-4x+1\geqslant0$;　　　　(2) $2x^2\leqslant5-3x$;

(3) $9x^2+\sqrt{3}x-4>0$;　　　(4) $12x^2<13x-3$;

(5) $-4x^2+\sqrt{2}x-3<0$;　　(6) $-3x^2+7x-2\leqslant0$;

(7) $(2x+1)^2-5>(x-1)^2+6+3x+3x^2$;

(8) $3x^2-10x+3>0$;　　　　(9) $8x^2-6x<9$;

(10) $x^2(x^2-5x+6)\leqslant0$;　　(11) $x^2+8x+12\geqslant0$;

(12) $2x^2-3x+2<0$;　　　　(13) $-6x^2-x+2\leqslant0$.

2.5　分式不等式及其解法

本节重点知识:

1. 分式不等式.

2. 分式不等式的解法.

2.5.1　分式不等式

　　在学习一元一次不等式、一元二次不等式以及一元一次不等式组的解法过程中,了解到这些不等式或不等式组中所包含的代数式都是整式,此外我们还常见到下面一些不同形式的不等式：

$$\frac{3x+1}{x-5}>0, \quad \frac{x-4}{2x+1}\leqslant 0, \quad \frac{1}{x+2}+\frac{1}{x+1}<\frac{1}{x+3}等.$$

这些不等式的一个共同特点就是：不等式中所包含的代数式是分式，这样的不等式叫做**分式不等式**.

2.5.2 分式不等式的解法

下面我们研究$\frac{ax+b}{cx+d}>0$或$\frac{ax+b}{cx+d}<0$型的分式不等式的解法.

例 1 解下列不等式：

(1) $\frac{x-3}{x+5}<0$;   (2) $\frac{2x+1}{x-1}>0$.

分析 对于两个代数式乘除运算，结合同号为正、异号为负的结论，将它们转化为一元一次不等式组求解.

(1) 原不等式可化为 $\begin{cases} x-3>0 \\ x+5<0 \end{cases}$ 或 $\begin{cases} x-3<0 \\ x+5>0 \end{cases}$,

即 $\varnothing$ 或 $\{x \mid -5<x<3\}$,

所以原不等式的解集为 $\{x \mid -5<x<3\}$，即 $(-5,3)$.

(2) 原不等式可化为 $\begin{cases} 2x+1>0 \\ x-1>0 \end{cases}$ 或 $\begin{cases} 2x+1<0 \\ x-1<0 \end{cases}$,

即 $\{x \mid x>1\}$ 或 $\{x \mid x<-\frac{1}{2}\}$,

所以原不等式的解集为 $\left\{x \mid x>1 \text{ 或 } x<-\frac{1}{2}\right\}$，即 $(-\infty,-\frac{1}{2})\cup(1,+\infty)$.

练一练

解下列不等式：

(1) $\frac{x-2}{x+1}<0$;   (2) $\frac{x-1}{3x+2}<0$;

(3) $\frac{2x+3}{x+1}<0$;   (4) $\frac{2x+1}{2x+3}>0$;

(5) $\frac{3x-7}{x+2}>0$;   (6) $\frac{x+2}{3x-5}>0$.

例 2 解下列不等式：

(1) $\frac{3x-1}{x+1}>1$;   (2) $\frac{2x+1}{x-5}<1$.

分析　通过移项,将不等式整理成$\dfrac{ax+b}{cx+d}>0$ 或$\dfrac{ax+b}{cx+d}<0$ 的形式后,再转化为一元一次不等式或一元一次不等式组求解.

解　(1)原不等式整理为$\dfrac{2x-2}{x+1}>0$,

可化为$\begin{cases}2x-2>0 \\ x+1>0\end{cases}$或$\begin{cases}2x-2<0 \\ x+1<0\end{cases}$,

即$\{x\mid x>1\}$或$\{x\mid x<-1\}$,

所以原不等式的解集为$\{x\mid x>1$ 或 $x<-1\}$,即$(-\infty,-1)\bigcup(1,+\infty)$.

(2)原不等式整理为$\dfrac{x+6}{x-5}<0$,

可化为$\begin{cases}x+6>0 \\ x-5<0\end{cases}$或$\begin{cases}x+6<0 \\ x-5>0\end{cases}$,

即$\{x\mid -6<x<5\}$或$\varnothing$,

所以原不等式的解集为$\{x\mid -6<x<5\}$,即$(-6,5)$.

练一练

> 解下列不等式
>
> (1)$\dfrac{2x+7}{x-4}>1$;　　　(2)$\dfrac{x-3}{2x-5}<1$.

分式不等式$\dfrac{ax+b}{cx+d}>0$ 或$\dfrac{ax+b}{cx+d}<0(a>0,c>0)$的解题步骤:

S1　化为两个不等式组;

S2　解不等式组;

S3　确定解集(两不等式组解集的并集).

习　题　2.5

1. 解下列不等式:

(1)$\dfrac{x-1}{3-x}>0$;　　　(2)$\dfrac{x}{2x+1}<0$;　　　(3)$\dfrac{x+3}{x+5}\geqslant0$;　　　(4)$\dfrac{x-4}{x}\leqslant0$.

2. 解下列不等式:

(1)$\dfrac{2x-1}{x-5}>0$;　　　(2)$\dfrac{3x}{x-1}>0$;　　　(3)$\dfrac{2x-3}{x+4}<0$;　　　(4)$\dfrac{3x-2}{2x+1}<0$.

(5)$\dfrac{2-3x}{2x+1}<0$;　　　(6)$\dfrac{x-2}{x+3}>0$;　　　(7)$\dfrac{2x+1}{x-4}<0$;　　　(8)$\dfrac{2x+5}{2x-1}<0$.

2.6　含绝对值的一元一次不等式及其解法

本节重点知识：

1. 含绝对值的一元一次不等式.

2. 含绝对值的一元一次不等式的解法.

2.6.1　含绝对值的一元一次不等式

我们知道，在实数集中，对任意实数 a，都有

$$|a| = \begin{cases} a, & \text{当 } a > 0 \text{ 时,} \\ 0, & \text{当 } a = 0 \text{ 时,} \\ -a, & \text{当 } a < 0 \text{ 时.} \end{cases}$$

如果 a 是一个正数，那么

$$|x| < a \Leftrightarrow x^2 < a^2 \Leftrightarrow -a < x < a,$$
$$|x| > a \Leftrightarrow x^2 > a^2 \Leftrightarrow x > a \text{ 或 } x < -a.$$

即在 $a > 0$ 时（见图 2-6(a)）

$$|x| < a \Leftrightarrow -a < x < a,$$
$$|x| > a \Leftrightarrow x > a \text{ 或 } x < -a.$$

如果 $a \leqslant 0$（见图 2-6(b)），那么 $|x| < a$ 的解集为空集.

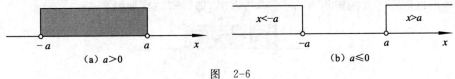

图　2-6

2.6.2　含绝对值的一元一次不等式的解法

例 1　解下列不等式，并在数轴上表示它的解集：

$(1) |x| < 11$；　$(2) |x| > \dfrac{1}{2}$.

分析　根据上述法则去掉绝对值符号，化为一元一次不等式求解.

解　(1) 原不等式化为 $-11 < x < 11$，

所以原不等式的解集为 $\{x | -11 < x < 11\}$，即 $(-11, 11)$（见图 2-7）.

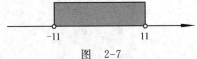

图　2-7

(2)原不等式化为 $x>\dfrac{1}{2}$ 或 $x<-\dfrac{1}{2}$,

所以原不等式的解集为 $\{x\,|\,x>\dfrac{1}{2}$ 或 $x<-\dfrac{1}{2}\}$,即 $\left(-\infty,-\dfrac{1}{2}\right)\cup\left(\dfrac{1}{2},+\infty\right)$.

(见图 2-8)

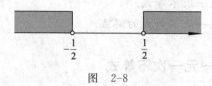

图　2-8

想一想

不等式 $|x|>-3$ 的解集是?

例 2　解下列不等式:

(1) $|x+2|<5$;　　　　　(2) $|3x-5|>7$.

分析　我们可以把绝对值符号内的式子看作一个整体,设 $x+2=t$ 或 $3x-5=t$,那么两个不等式就分别化为 $|t|<5$ 或 $|t|>7$,这样根据上述法则,就可以去掉绝对值符号,化为一元一次不等式求解.

解　(1)原不等式可化为 $-5<x+2<5$,

即 $-7<x<3$,

所以原不等式的解集为 $\{x\,|\,-7<x<3\}$,即 $(-7,3)$(见图 2-9).

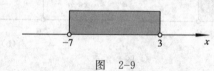

图　2-9

(2)原不等式可化为 $3x-5>7$ 或 $3x-5<-7$,

即 $x>4$ 或 $x<-\dfrac{2}{3}$,

所以原不等式的解集为 $\left\{x\,|\,x>4 \text{ 或 } x<-\dfrac{2}{3}\right\}$,即 $\left(-\infty,-\dfrac{2}{3}\right)\cup(4,+\infty)$.

(见图 2-10)

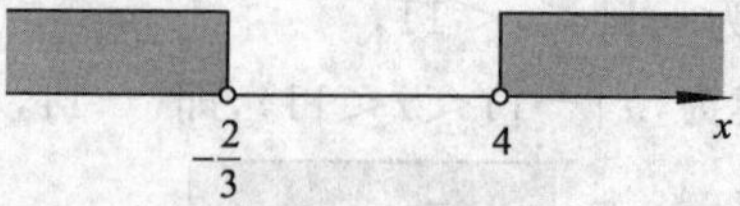

图　2-10

练一练

解下列不等式,并在数轴上表示它的解集:

(1) $|x-3|>1$；　　(2) $|2x-5|>9$；

(3) $|x+2|<6$；　　(4) $|3x+8|<1$；

(5) $|x-5|\geqslant 2$；　　(6) $|2x-3|\geqslant 1$；

(7) $|x-4|\leqslant 2$；　　(8) $|5x+3|\geqslant 8$.

例 3　求不等式 $|5-2x|\leqslant 7$ 的解集,并在数轴上表示它的解集:

分析　由绝对值的意义可知 $|5-2x|=|2x-5|$,所以可以先变形再利用含绝对值不等式法则求解

解　原不等式整理为 $|2x-5|\leqslant 7$.

可化为 $-7\leqslant 2x-5\leqslant 7$,即 $-1\leqslant x\leqslant 6$,

所以原不等式的解集为 $\{x|-1\leqslant x\leqslant 6\}$,即 $[-1,6]$.(见图 2-11)

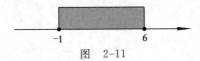

图　2-11

练一练

解下列不等式,并在数轴上表示它的解集:

(1) $|3-x|\geqslant 5$；　　(2) $|5-2x|<1$；

(3) $|1+3x|>5$；　　(4) $|7-2x|\leqslant 3$.

含绝对值不等式的解题步骤:

S1　将不等式整理为 $|ax+b|>0$ 或 $|ax+b|<0$ $(a>0)$ 标准形式;

S2　去绝对值符号;

S3　解不等式;

S4　确定解集.

习　题　2.6

1. 解下列不等式,并在数轴上表示它的解集:

(1) $|2x|>3$；　　　　　　(2) $|x|<5$；

(3) $|3x|\geqslant 4$；　　　　　　(4) $|2x|\leqslant \dfrac{1}{2}$.

2. 解下列不等式,并在数轴上表示它的解集:

(1)$|3x-2|>7$;　　　　　　(2)$|x+6|<4$;

(3)$|2x+5|\geqslant13$;　　　　　(4)$|6x-5|\leqslant1$;

(5)$|7-6x|>11$;　　　　　(6)$|3+5x|<12$.

3. 解下列不等式,并在数轴上表示它的解集:

(1)$|2x-1|<7$;　　　　　　(2)$|2x-3|<5$;

(3)$|5x-4|<11$;　　　　　(4)$|6x+1|>8$;

(5)$|4x-7|>11$;　　　　　(6)$|3x+5|>7$;

(7)$|6x+5|\leqslant8$;　　　　　(8)$|7x+8|\leqslant9$;

(9)$|3x-14|\leqslant1$;　　　　(10)$|5x+1|\geqslant10$;

(11)$|4x+9|\leqslant12$;　　　　(12)$|7x-8|\geqslant6$.

4. 解下列不等式,并在数轴上表示它的解集:

(1)$|5-x|>1$;　　　　　　(2)$|3-x|>5$;

(3)$|2-3x|>8$;　　　　　(4)$|1+2x|>6$;

(5)$|3-5x|<7$;　　　　　(6)$|8-7x|<15$;

(7)$|1+3x|<4$;　　　　　(8)$|4-9x|<6$;

(9)$|9-2x|\geqslant1$;　　　　　(10)$|8-3x|\geqslant6$;

(11)$|7-8x|\geqslant5$;　　　　(12)$|2+5x|\geqslant4$;

(13)$|5-6x|\leqslant11$;　　　　(14)$|8-5x|\leqslant7$;

(15)$|1-4x|\leqslant3$;　　　　(16)$|7+4x|\leqslant10$.

思考与总结

本章主要学习了不等式的性质,不等式的解法.

1. 不等式的性质

实数集 **R** 中的任意两个实数可以比较大小,这一性质叫做实数集的有序性. 比较实数大小的方法是:

$a>b\Leftrightarrow$ _____ ;

$a<b\Leftrightarrow$ _____ ;

$a=b\Leftrightarrow$ _____ .

从实数大小的基本性质出发,可以得出哪些性质?

_____

_____

2. 区间

$\{x\,|\,a\leqslant x\leqslant b\}=$ _____ ;

$\{x \mid a < x < b\} = \underline{\qquad\qquad}$;

$\underline{\qquad\qquad} = [a, b)$;

$\underline{\qquad\qquad} = (a, b]$;

$\underline{\qquad\qquad} = [a, +\infty)$;

$\{x \mid x > a\} = (a, +\infty)$;

$\{x \mid x \leqslant a\} = \underline{\qquad}$;

$\{x \mid x < a\} = \underline{\qquad}$.

3. 一元二次不等式的解法

把一元二次不等式的右边变成 0，然后把左边分解因式，再根据 $\underline{\qquad\qquad}$，转化成 $\underline{\qquad\qquad\qquad\qquad}$，进行求解.

4. 分式不等式 $\dfrac{ax+b}{cx+d} > 0$ 或 $\dfrac{ax+b}{cx+d} < 0$ 的解法

解 $\dfrac{ax+b}{cx+d} > 0$ 或 $\dfrac{ax+b}{cx+d} < 0$ 型的不等式，主要依据 $\underline{\qquad\qquad\qquad}$，把它转化为 $\underline{\qquad\qquad\qquad\qquad\qquad}$，进行求解.

5. 含绝对值的一元一次不等式的解法

解含有绝对值的不等式，主要利用下述结论：

当 $a > 0$ 时，

$|x| < a \Leftrightarrow \underline{\qquad\qquad\qquad\qquad\qquad}$;

$|x| > a \Leftrightarrow \underline{\qquad\qquad\qquad\qquad\qquad}$.

复 习 题 二

1. 选择题：

(1) 下列命题中正确的是(　).

A. 若 $ac > bc$，则 $a > b$　　　　B. 若 $|a| > |b|$，则 $a > b$

C. 若 $\dfrac{1}{a} > \dfrac{1}{b}$，则 $a > b$　　　　D. 若 $\sqrt{a} > \sqrt{b}$，则 $a > b$

(2) 若 $a > b > 0$，则下列不等式不正确的是(　).

A. $\dfrac{a}{b} > 1$　　　　B. $a^2 > b^2$　　　　C. $\dfrac{1}{a} > \dfrac{1}{b}$　　　　D. $\sqrt{a} > \sqrt{b}$

(3) 下列命题中正确的是(　).

A. 若 $a > b, c > d$，则 $a + c > b + d$　　　　B. 若 $a > b, c > d$，则 $a + d > b + c$

C. 若 $a > b, c > d$，则 $ac > bd$　　　　D. 若 $a > b, c > d$ 则 $\dfrac{a}{d} > \dfrac{b}{c}$

(4) 若 $A = \{x \mid x^2 > 0\}$，$B = \{x \mid x^2 < 0\}$，则 $A \cap B$ 是(　).

A. $\{x \mid x \in \mathbf{R} \text{ 且 } x \neq 0\}$　　　　　　B. $\varnothing$

C. $\{x \mid x > 0\}$　　　　　　　　　　D. **R**

(5)已知 $a > b$,则下列不等式中恒成立的是(　　　).

A. $a^2 > b^2$　　　B. $\dfrac{1}{a} > \dfrac{1}{b}$　　　C. $\dfrac{1}{a} < \dfrac{1}{b}$　　　D. $2^a > 2^b$

2. 解下列不等式组:

(1) $\begin{cases} 2x+3 > 0, \\ 3x-1 < 0; \end{cases}$ 　　(2) $\begin{cases} 3x-2 > 5, \\ 4x+3 < 15; \end{cases}$ 　　(3) $\begin{cases} 11x+3 > 2, \\ x+4 < 3; \end{cases}$

(4) $\begin{cases} 6x+5 > 2, \\ 3x-4 < 7; \end{cases}$ 　　(5) $\begin{cases} 4x+7 \geqslant 2, \\ 3-5x < 8; \end{cases}$ 　　(6) $\begin{cases} \dfrac{1}{2}x+3 > 4x+5, \\ \dfrac{1}{3}x-2 < 7. \end{cases}$

3. 解下列不等式:

(1) $x^2+x-2 > 0$;　　　(2) $x^2+2x-24 < 0$;　　　(3) $x^2+4x-12 > 0$;

(4) $x^2-5x+6 < 0$;　　　(5) $x^2-3x+2 \geqslant 0$;　　　(6) $x^2-4x+3 \leqslant 0$;

(7) $x^2+10x-11 \leqslant 0$;　　(8) $x^2+6x+8 > 0$;　　　(9) $x^2-x-6 > 0$;

(10) $x^2+2x-8 < 0$;　　(11) $x^2+4x-5 \geqslant 0$;　　(12) $x^2-5x+4 \leqslant 0$;

(13) $x^2-6x+8 > 0$;　　(14) $x^2+3x-10 < 0$;　　(15) $x^2-11x+24 \geqslant 0$;

(16) $x^2+5x-14 > 0$.

4. 解下列不等式:

(1) $\dfrac{2x+1}{x-5} > 0$;　　　(2) $\dfrac{3x+2}{2x-1} < 0$;　　　(3) $\dfrac{4x-5}{x}-2 > 0$;

(4) $\dfrac{x+2}{x-5} < 1$;　　　(5) $\dfrac{5x-1}{x+2} \geqslant 0$;　　　(6) $\dfrac{2x+3}{2-x} \leqslant 0$;

(7) $\dfrac{2x-1}{x-2} > 0$;　　　(8) $\dfrac{x+4}{2x+5} < 0$;　　　(9) $\dfrac{x+2}{x-7} > 0$;

(10) $\dfrac{x+6}{3x-2} < 0$;　　(11) $\dfrac{2x-3}{3x-2} > 0$;　　(12) $\dfrac{3x+1}{x-4} < 0$.

5. 解下列不等式:

(1) $|x+5| < 4$;　　　(2) $|3x-2| > 1$;　　　(3) $|2x+5| > 6$;

(4) $|3-5x| < 7$;　　　(5) $|4x+3| \geqslant 15$;　　　(6) $|2x-3| \leqslant 11$;

(7) $|2x+7| < 6$;　　　(8) $|6x-5| > 12$;　　　(9) $|5x-3| \geqslant 18$;

(10) $|7-4x| \leqslant 13$;　　(11) $|6-7x| < 15$;　　(12) $|15x-2| > 17$;

(13) $|5x-2| > 11$;　　(14) $|7x+6| < 8$;　　(15) $|2x-13| \geqslant 5$;

(16) $|4-3x| \leqslant 15$;　　(17) $|2-7x| > 11$;　　(18) $|2+\dfrac{5}{3}x| < 12$.

第3章　函　　数

函数是数学中的一个极其重要的概念,是学习高等数学、应用数学和其他科学技术必不可少的基础.函数概念的建立是人们连接现实世界与数学王国的桥梁,本章我们将在初中学习的函数及其图像内容的基础上,进一步学习函数概念、函数的性质和研究函数的方法.

3.1　函数的概念

本章重点知识:

1. 函数的定义.
2. 函数的三要素:定义域、对应法则、值域.
3. 函数的表示法:解析法、列表法、图像法.
4. 分段函数.

3.1.1　函数

先复习初中学过的函数的概念.在函数 $y=3x^2$ 中,对 $x\in \mathbf{R}$ 的每个确定的值,按照对应法则:"平方的 3 倍",都有唯一确定的 y 值与之对应.例如

$$x=2\rightarrow y=12,$$
$$x=3\rightarrow y=27.$$

这时,我们说 y 是 x 的函数,其中 x 是自变量, y 是因变量.

从这个例子里我们看到两个重要的事实:

(1)通过对应法则,把实数集 $\mathbf{R}$ 中的数变到非负实数集中;

(2)对实数集 $\mathbf{R}$ 中的每一个实数,按照对应法则,在非负实数集中有且只有一个值与之对应.

由上述分析可以看出:函数实际上就是从自变量 x 的集合到函数值 y 的集合的一种对应关系.

一般地,设 A,B 是非空数集,如果按照某个确定的对应关系 f ,使对于集合 A 中的任意一个数 x ,在集合 B 中都有唯一确定的数 $f(x)$ 和它对应,那么就称 f : $A\rightarrow B$ 为从集合 A 到集合 B 的一个**函数**,记做

$$y=f(x),x\in A.$$

其中，x 称为**自变量**，y 称为**因变量**；x 的取值范围 A 叫做函数的**定义域**；与 x 的值相应的 y 的值叫做**函数值**，当 x 取遍定义域 A 中所有值所得的函数值 y 的全体构成的集合叫做函数的**值域**，记做集合 M，即 $M=\{f(x)\,|\,x\in\mathbf{R}\}$，$M\leqslant B$.

一次函数 $f(x)=ax+b(a\neq0)$ 的定义域是 $\mathbf{R}$，值域也是 $\mathbf{R}$. 对于 $\mathbf{R}$ 中的任意一个数 x，在 $\mathbf{R}$ 中都有一个数 $f(x)=ax+b(a\neq0)$ 和它对应.

反比例函数 $f(x)=\dfrac{k}{x}(k\neq0)$ 的定义域是 $A=\{x\,|\,x\neq0\}$，值域是 $B=\{y\,|\,y\neq0\}$，对于 A 中的任意一个实数 x，在 B 中都有一个实数 $y=\dfrac{k}{x}(k\neq0)$ 和它对应.

二次函数 $f(x)=ax^2+bx+c(a\neq0)$ 的定义域是 $\mathbf{R}$. 当 $a>0$ 时，值域 $B=\{y\,|\,y\geqslant\dfrac{4ac-b^2}{4a}\}$；当 $a<0$ 时，值域 $B=\{y\,|\,y\leqslant\dfrac{4ac-b^2}{4a}\}$. 它使得 $\mathbf{R}$ 中的任意一个数 x 与 B 中的数 $f(x)=ax^2+bx+c(a\neq0)$ 对应.

🪐 想一想

(1) $y=1(x\in\mathbf{R})$ 是函数吗？

(2) $y=x$ 与 $y=\dfrac{x^2}{x}$ 是同一个函数吗？

$y=1(x\in\mathbf{R})$ 是函数，因为对于实数集 $\mathbf{R}$ 中的任何一个数 x，按照对应法则"函数值总是 1"，在 $\mathbf{R}$ 中 y 都有唯一确定的值与它对应，所以 y 是 x 的函数.

$y=x$ 与 $y=\dfrac{x^2}{x}$ 不是同一个函数. 因为 $y=x$ 的定义域是 $\mathbf{R}$，而 $y=\dfrac{x^2}{x}$ 的定义域是 $\{x\,|\,x\neq0\}$.

例1 求下列函数的定义域：

$(1)\,f(x)=\dfrac{1}{x+3}$；　　　　$(2)\,f(x)=\sqrt{2-x}$；　　　　$(3)\,f(x)=\dfrac{\sqrt{x}}{x-1}$.

解 (1)要使 $\dfrac{1}{x+3}$ 有意义，就必须使分母 $x+3\neq0$，即 $x\neq-3$，所以该函数的定义域为 $\{x\,|\,x\neq-3$，且 $x\in\mathbf{R}\}$.

(2)要使 $\sqrt{2-x}$ 有意义，必须使被开方式 $2-x\geqslant0$，即 $x\leqslant2$，所以该函数的定义域为 $\{x\,|\,x\leqslant2$，且 $x\in\mathbf{R}\}$.

(3)要使 $\dfrac{\sqrt{x}}{x-1}$ 有意义，必须使 $x\geqslant0$ 和 $x\neq1$ 同时成立，因此，该函数的定义域为 $\{x\,|\,x\geqslant0$，且 $x\neq1,x\in\mathbf{R}\}$.

练一练

求下列函数的定义域：

(1) $f(x) = \dfrac{1}{x-9}$；　　　　　　(2) $f(x) = \sqrt{x-9}$；

(3) $f(x) = \dfrac{1}{\sqrt{x-9}}$；　　　　　(4) $f(x) = \dfrac{1}{x+4} + \dfrac{1}{x-4}$；

(5) $f(x) = \sqrt{x+4} + \sqrt{4-x}$；　　(6) $f(x) = \dfrac{\sqrt{x+5}}{x^2-2x-3}$.

函数的记号除用 $f(x)$ 外，我们还常用 $F(x),g(x),G(x),\varphi(x)$ 等来表示，特别在同一问题中讨论几个不同的函数关系时，为了区别，就要用不同的函数记号来表示这些函数.

对于函数 $y=f(x)$，当自变量 x 在定义域内取一个确定的值 a 时，其对应的函数值记做 $f(a)$.

例如，函数 $f(x)=-x^2+x+3$，在 $x=-1,x=1,x=2$ 时的函数值分别为 $f(-1)=1,f(1)=3,f(2)=1$.

注意　函数 $f(x)$ 表示 x 的函数，而 $f(a)$（a 为常数）则表示一个确定的函数值.

例 2　求函数 $f(x)=2x^2-3$，在 $x=-1,x=0,x=2,x=a,x=\dfrac{1}{a}$ 时的函数值.

解　$f(-1)=2\times(-1)^2-3=-1$；

　　　　$f(0)=2\times0^2-3=-3$；

　　　　$f(2)=2\times2^2-3=5$；

　　　　$f(a)=2\times a^2-3=2a^2-3$；

　　　　$f\left(\dfrac{1}{a}\right)=2\times\left(\dfrac{1}{a}\right)^2-3=\dfrac{2}{a^2}-3$.

例 3　已知函数 $f(x)=4x+1,x\in\{0,1,2,3,4\}$，求这个函数的值域.

解　$f(0)=4\times0+1=1$；

　　　　$f(1)=4\times1+1=5$；

　　　　$f(2)=4\times2+1=9$；

　　　　$f(3)=4\times3+1=13$；

　　　　$f(4)=4\times4+1=17$.

所以函数 $f(x)=4x+1$ 的值域是 $\{1,5,9,13,17\}$.

1. 下列每组中的两个函数是否是同一函数？为什么？

(1) $f(x)=\sqrt{x^2}$ 与 $g(x)=|x|$；

(2) $f(x)=1$ 与 $g(x)=\dfrac{|x|}{x}$；

(3) $f(x)=x$ 与 $g(x)=(\sqrt{x})^2$；

(4) $f(x)=1$ 与 $g(x)=\dfrac{x}{x}$.

2. 求下列函数的定义域：

(1) $f(x)=\dfrac{1}{4x-3}$；　　　　(2) $f(x)=\sqrt{4x-3}$；

(3) $f(x)=\dfrac{1}{\sqrt{4x-3}}$；　　　　(4) $f(x)=\dfrac{\sqrt{x}}{4x-3}$；

(5) $f(x)=\sqrt{x+1}+\sqrt{1-x}+2$.

3. 已知 $f(x)=2x^2-3x-4$，请填写表 3-1.

表　3-1

x	-2	-1	0	$\dfrac{1}{2}$	a	$-a$
$f(x)$						

4. 求下列函数的值：

(1) 已知 $f(x)=\dfrac{x+1}{|x-2|}$，求 $f(0),f(3),f(-2),f\left(\dfrac{1}{3}\right)$；

(2) 已知 $f(x)=\dfrac{1}{x^2+1}$，求 $f(a),f(a+1),f(x+1)$.

5. 已知 $f(x)=-\dfrac{1}{2}x^2,x\in\{0,1,3,5\}$，求这个函数的值域.

3.1.2　函数的表示法

函数的表示法通常有三种：

1. 解析法

把两个变量之间的函数关系用等式来表示，这种表示函数的方法称**解析法**. 这个等式称函数的解析表达式，简称**解析式**.

例如，我们以前学过的一次函数、反比例函数、二次函数的解析式分别为

$$f(x) = ax + b \, (a \neq 0);$$

$$f(x) = \frac{k}{x} \, (k \neq 0);$$

$$f(x) = ax^2 + bx + c \, (a \neq 0).$$

这种方法能够简明地反映出事物变化过程中变量之间的相依关系.

例 4　一商店有某品牌 29 英寸彩电 100 台,每台售价 2200 元,求售出这种彩电的台数与收款总数的函数关系式.

解　设售出的某品牌 29 英寸彩电 x 台,收款总数为 y 元.

所以 $y = 2200x$　$(0 \leqslant x \leqslant 100, x \in \mathbf{N})$.

解析法表示函数有两个优点:一是简洁、精确地概括了变量之间的关系;二是可以通过解析法求出任一个自变量的值所对应的函数值.目前我们主要研究用解析法表示的函数.

练一练

> 　一台拖拉机的油箱中储油 42 L,使用时每小时消耗 6 L.试列出油箱中剩油量 Q 和使用时间 t 之间的函数关系式.

2. 列表法

把两个变量之间的对应值列成表格来表示函数关系,这种方法叫做**列表法**.

列表法在日常生活中应用较多.例如,我校高职某班的三名同学在一、二年级的几次数学测验成绩统计,如表 3-2 所示.

表　3-2

次数	第一次	第二次	第三次	第四次	第五次	第六次
王伟	98	87	91	92	88	95
张城	90	76	88	75	86	80
赵磊	68	65	73	72	75	80

表 3-2 表示了某学生成绩和测验次数的函数关系.指定这三人中的任一人,就可以从表中查出该学生这个学年某次数学测验成绩.

列表法的优点是:不需要计算就可以直接看出与自变量的值相对应的函数值,简洁明了.

列表法在实际的生产和生活中有广泛应用,如上面的成绩表、银行的利率表等.

3. 图像法

把自变量的一个值和函数 y 值对应分别作为点的横坐标和纵坐标,可以在直角坐标系内描出一个点,所有这些点的集合形成的"图形"叫做这个函数的**图像**.

用图像来表示两个变量之间的函数关系的方法叫做**图像法**.

例如,气象台应用自动记录器,描述温度随时间变化的曲线就是用图像法表示函数关系的.

又如,图 3-1 所示为我国人口出生变化率曲线,也是用图像法表示函数关系的.

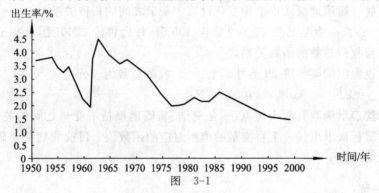

图　3-1

例5　某种日记本,每本 2 元,买 n 本日记本的钱数(元)为 $f(n)=2n,n\in\mathbf{N}_+$,画出这个函数的图像.

解　这个函数的图像是由一些点组成的,如图 3-2 所示.

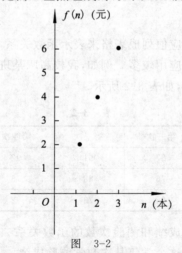

图　3-2

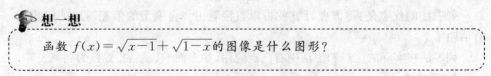

想一想

函数 $f(x)=\sqrt{x-1}+\sqrt{1-x}$ 的图像是什么图形?

用图像法表示函数的优点是:形象直观,通过图像,可形象地把函数的变化趋势表示出来,根据函数的图像还能较好地研究函数的性质.在实际中企业生产图、股票走势图等多用图像法表示.

1.(口答)请举出几个生活中函数的实例,并用适当的方法表示它们.

2.(1)某商店有计算器 120 台,每台售价 50 元,求售出台数 x 与收款总数 y(元)之间的函数关系式.

(2)A,B 两地相距 100km,某人以每小时 5km 的速度从 A 地向 B 地步行,求行走的时间 x(小时)和人与 B 地间的距离 y(km)之间的函数关系式.

(3)长方形面积为 60m²,写出它的长 x(不大于 10m)与宽 y(m)之间的函数关系式.

一个函数的图像是由点构成的,点的横坐标是自变量的值 x,纵坐标是对应的函数值 y.

下面我们研究函数图像的画法.

例 6　作函数 $y=x^3$ 的图像.

分析　由所给的函数关系可知,这个函数的定义域是实数集,值域也是实数集.当 $x>0$ 时,$y>0$,这时函数的图像在第一象限,y 的值随着 x 的值增大而增大;当 $x<0$ 时,$y<0$,这时函数的图像在第三象限,y 的值随着 x 的值减小而减小.

由此分析,我们以坐标原点(0,0)为中心,取适当多的值,列出这个函数的对应值表,再作图.

解　我们以坐标原点(0,0)为中心,列出这个函数的 x,y 对应值的表(见表 3-3)(精确到 0.01).

表　3-3

x	…	-2	-1.5	-1	-0.5	-0.2	0	0.2	0.5	1	1.5	2	…
y	…	-8	-3.38	-1	-0.13	-0.01	0.0	0.01	0.13	1	3.38	8	…

在直角坐标系中,描点、连成光滑曲线,如图 3-3 所示.

注意　例 6 中的作图,我们只取了有限个点,实际该图像上有无穷多个点,取的点越多,作出的图像就越准确.如何取点,取多少点,要根据具体函数进行分析.

例 7　作函数 $y=\dfrac{1}{x^2}$ 的图像.

解　已知函数的定义域是 $\{x \mid x \neq 0,$ 且 $x \in \mathbf{R}\}$.

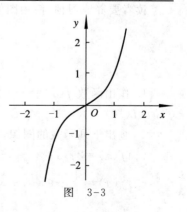

图　3-3

由函数的解析式可知,对任意的 x 值,对应的函数值 $y>0$,函数图形在 x 轴上方;并且函数的图像在 $x=0$ 处断开,函数的图像被分为两部分,当 x 的绝对值变小时,函数值增大得非常快,当 x 的绝对值变大时,函数的图像沿 x 轴的两个方向上靠近 x 轴.

由上分析,以 $x=0$ 为中心,在 x 轴的两个方向上选取若干自变量的值,计算出对应的 x 值,列出 x,y 的对应值表(见表 3-4).

表　3-4

x	$\cdots$	-3	-2	-1	$\dfrac{-1}{2}$	$\cdots$	0	$\cdots$	$\dfrac{1}{2}$	1	2	3	$\cdots$
y	$\cdots$	$\dfrac{1}{9}$	$\dfrac{1}{4}$	1	4	$\cdots$	不存在	$\cdots$	4	1	$\dfrac{1}{4}$	$\dfrac{1}{9}$	$\cdots$

在直角坐标系中,描点、连成光滑曲线,就是这个函数的图像,如图 3-4 所示.

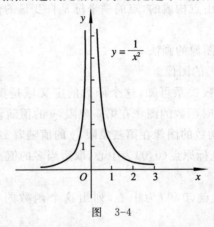

图　3-4

函数的图像有利于全面了解函数的性质.特别是现在可使用计算机技术,根据公式和数据作出函数图像,很容易发现函数的性质."数形结合"是今后研究函数的重要方法.

读者要养成习惯,使用图像来理解各种各样的函数表达式的意义.

练　习

1. 作出函数 $f(x)=-3$ 的图像(这类函数通常叫做常函数),并求 $f(-1)$,$f(0),f(10)$.

2. 画出下列函数的图像,并求它们的值域:

(1) $f(x)=2x,x\in\{-2,-1,0,1,2\}$;　　(2) $f(x)=-2x+1,x\in[1,+\infty)$;

(3) $f(x)=\dfrac{4}{x},x\in(0,+\infty)$;　　(4) $y=2|x|+1,x\in\mathbf{Z}$,且 $|x|\leqslant 2$.

3. 作下列函数的图像:

(1)$y=-x^2$;　　　　　　　　　　(2)$y=\sqrt{x}$.

3.1.3 分段函数

先看下面例题.

例8 在国内投寄平信(本埠),每封信不超过 20 g 重付邮资 60 分,超过 20 g 重而不超过 40 g 重付邮资 120 分,依次类推,一封 x g 重($0<x\leqslant60$)的平信应付邮资为(单位:分):

$$y=\begin{cases}60,x\in(0,20]\\120,x\in(20,40].\\180,x\in(40,60]\end{cases}$$

解 这个函数的图像如图 3-5 所示,它是由三条线段组成的.

从这个例题可以看出,有些函数在它的定义域中,对于自变量的不同取值范围,对应法则不同,这样的函数通常称为**分段函数**.

分段函数有几段,它的图像就由几条曲线组成. 作图时要特别注意每段端点的虚实.

例9 画出函数 $y=\begin{cases}x,(x\geqslant0)\\-x,(x<0)\end{cases}$ 的图像.

解 这个函数的图像是由两条射线组成的,如图 3-6 所示.

注意 分段函数是一个函数,而不是几个函数. 分段函数是由各段上的解析式用符号"{"合并成的一个整体,定义域是各段自变量取值集合的并集,值域是各段函数值集合的并集. 如:在例 1 中,定义域为 $x\in(0,60]$,值域是 $\{60,120,180\}$.

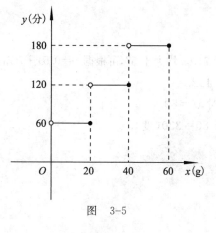

图 3-5

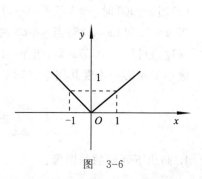

图 3-6

在例 2 中,定义域为 $x \in \mathbf{R}$,值域是 $\{y \mid y \geqslant 0\}$.

练一练

画出下列函数的图像:

$(1) y = \begin{cases} 1, x \in (0, +\infty), \\ -1, x \in (-\infty, 0]; \end{cases}$　　　$(2) y = \begin{cases} 0, (x \leqslant 0), \\ 1, (x > 0). \end{cases}$

例 10　某电力公司为了鼓励居民用电,采取分段计费的方法计算电费. 每月用电不超过 100 度(1 度 $=1 \mathrm{kW} \cdot \mathrm{h}$)时,按每度 0.57 元计费;每月用电超过 100 度时,其中 100 度仍按原标准收费,超过部分按每度 0.50 元计费.

(1)设月用电 x 度时,应交电费为 y 元,当 $x \leqslant 100$ 和 $x > 100$ 时,分别写出 y 关于 x 的函数关系式;

(2)小王家第一季度交纳电费情况如表 3-5 所示.

表　3-5

月份	一月份	二月份	三月份	合计
交费金额	76 元	63 元	45.6 元	184.6 元

问小王家第一季度共用多少度电?

分析　首先根据题意写出 y 关于 x 的分段函数关系式,再根据题中表格提供的信息寻找相应的函数关系式,求出一、二、三月份的用电度数.

解　$(1) y = \begin{cases} 0.57x (0 < x \leqslant 100), \\ 0.5(x-100)+57 (x > 100). \end{cases}$

$\qquad = \begin{cases} 0.57x (0 < x \leqslant 100), \\ 0.5x+7, (x > 100). \end{cases}$

(2)当 $x = 100$ 时,$y = 0.57 \times 100 = 57$,由于 76,63 均大于 57,可根据 $y = 0.5x+7$ 知:

当 $y = 76$ 时,$x = 138$;当 $y = 63$ 时,$x = 112$.

同理,根据 $y = 0.57x$ 知:当 $y = 45.6$ 时,$x = 80$.

故小王家第一季度共用电:$138 + 112 + 80 = 330$(度).

练　习

1. 画出下列函数的图像:

$(1) y = \begin{cases} 3x, x \in [0, 2), \\ 2, x \in [2, +\infty); \end{cases}$

$$(2)y=\begin{cases} -x+1, x\in[0,1),\\ x-2, x\in[1,2]. \end{cases}$$

2. 根据函数的图像(见图 3-7),写出它的解析式.

3. 某地的出租车按如下方法收费:起步价 10 元,可行驶 3 km(不含 3 km);3 km 到 7 km(不含 7 km)按 1.6 元/km 计价(不足 1 km 按 1 km 计算);7 km 以后都按 2.4 元/km 计价(不足 1 km 按 1 km 计算).试写出以行车里程为自变量,车费为函数值的函数解析式,并画出这个函数的图像.

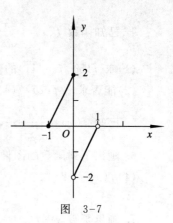

图　3-7

习　题　3.1

1. 已知变量 x 和 y 之间的对应关系由下列各式来确定,试把它们改写成 $y=f(x)$ 的形式:

(1)$3x+2y=5$;　　　　　　　(2)$xy=1$;

(3)$xy=1+3y$;　　　　　　　(4)$x=\dfrac{y+1}{y-1}$.

2. 下列各对函数为同一函数的有(　　)对.

(1)$f(x)=\sqrt{x^2}$ 和 $g(x)=x$;

(2)$f(x)=x$ 和 $g(x)=\dfrac{x^2}{x}$;

(3)$f(x)=\sqrt{x^2-4}$ 和 $g(x)=\sqrt{x-2}\cdot\sqrt{x+2}$;

(4)$f(x)=x$ 和 $g(x)=\sqrt[3]{x^3}$;

(5)$f(x)=|x+1|$ 和 $g(x)=\begin{cases} x+1, (x\geqslant-1),\\ -x-1, (x<-1). \end{cases}$

A. 4　　　　　B. 3　　　　　C. 2　　　　　D. 1

3. 求下列函数的定义域:

(1)$f(x)=\dfrac{6}{x^2-3x+2}$;　　　　　(2)$f(x)=\sqrt{x^2-4}$;

(3)$f(x)=\sqrt{1-x}+\sqrt{x+3}-1$;　　(4)$f(x)=\dfrac{1}{(x-1)^2}+\dfrac{1}{x^2+1}$;

(5)$f(x)=\dfrac{\sqrt{4-3x}}{1-x}$;　　　　　(6)$f(x)=\sqrt{3x-2}+\sqrt{2x-3}$.

4. 已知函数 $f(x) = \dfrac{x^2 + 1}{\sqrt{x^2 - 16}}$.

(1)求 $f(5), f(\sqrt{41})$ 的值.

(2)能否求出 $f(2), f(4)$ 的值? 为什么?

5. 已知 $f(x) = \dfrac{\sqrt{x+1}}{\sqrt{x}+1}$, 求 $f(0), f(1), f(2)$ 的值.

6. 画出下列函数的图像:

(1) $f(x) = |2x|$;　　　　　　　　　　(2) $f(x) = |x - 1|$.

7. 画出函数 $y = f(x) = \begin{cases} -x+1 & (0 \leqslant x < 1), \\ 1 & (x = 1), \\ -x+3 & (1 < x \leqslant 2) \end{cases}$ 的图像.

3.2　函数的单调性和奇偶性

本节重点知识:

1. 函数的单调性:增函数、减函数、单调区间.

2. 函数的奇偶性:奇函数、偶函数、图像特征.

3.2.1　函数的单调性

在一次函数中,我们看到函数 $f(x) = 2x$ 的图像(见图 3-8(a))是从左向右逐渐上升,函数值随 x 的增大而增大;$f(x) = -2x$ 的图像(见图 3-8(b))是从左向右逐渐下降,函数值随 x 的增大而减小;函数 $f(x) = x^2$ 的图像(见图 3-8(c))在整个定义域内有时上升,有时下降. 如果将它的定义域分为两个区间 $(-\infty, 0)$ 和 $[0, +\infty)$,那么在区间 $(-\infty, 0)$ 内图像下降,函数值随 x 的增大而减小,在区间 $[0, +\infty)$ 上图像上升,函数值随 x 的增大而增大.

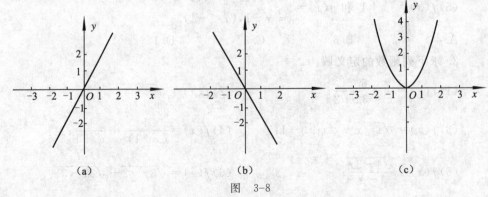

(a)　　　　　　　　　　(b)　　　　　　　　　　(c)

图　3-8

一般地,对于给定区间上的函数 $f(x)$:

(1)如果对于这个区间上的任意两个 x_1,x_2,当 $x_1 < x_2$ 时,都有 $f(x_1) < f(x_2)$,那么就说 $f(x)$ 在这个区间上是**增函数**(或**单调递增函数**).增函数的图像是沿 x 轴的正方向,即从左向右逐渐上升的.如图 3-9(a)所示.

(2)如果对于这个区间上的任意两个 x_1,x_2,当 $x_1 < x_2$ 时,都有 $f(x_1) > f(x_2)$,那么就说 $f(x)$ 在这个区间上是**减函数**(或**单调递减函数**).减函数的图像是沿 x 轴的正方向,即从左向右逐渐下降的.如图 3-9(b)所示.

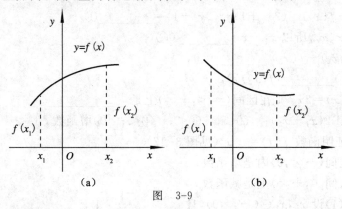

图　3-9

对于函数 $y = f(x)$ 在某个区间上单调递增或单调递减的性质,叫做 $f(x)$ 在这个区间上的**单调性**.这个区间叫做 $f(x)$ 的**单调区间**.

例如,函数 $f(x) = 2x$ 在区间 $(-\infty, +\infty)$ 内是增函数;$f(x) = -2x$ 在区间 $(-\infty, +\infty)$ 内是减函数.

一般地,当 $k > 0$ 时,$y = kx$ 是增函数;当 $k < 0$ 时,$y = kx$ 是减函数.

要讨论一个函数在某个区间上的单调性,我们可以利用函数的图像直观地判断;也可以根据函数单调性的定义加以判断.

例 1　图 3-10 是函数 $y = f(x)$ 的图像,定义域为 $[-4,5]$.试根据图像找出函数的单调区间以及在每个单调区间上函数的增减性.

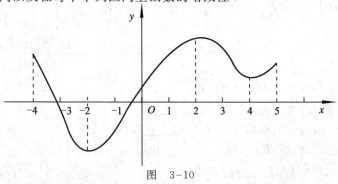

图　3-10

解 函数 $f(x)$ 的单调区间是 $[-4,-2)$，$[-2,2)$ $[2,4)$，$[4,5]$；而且在区间 $[-4,-2)$，$[2,4)$ 上 $f(x)$ 分别是减函数，在区间 $[-2,2)$，$[4,5]$ 上 $f(x)$ 分别是增函数．

例 2 证明：函数 $f(x)=2x+1$ 在 $(-\infty,+\infty)$ 内是增函数(见图 3-11)．

证明 设 $x_1,x_2\in(-\infty,+\infty)$，且 $x_1<x_2$，那么

$f(x_1)=2x_1+1$；

$f(x_2)=2x_2+1$；

$f(x_1)-f(x_2)=(2x_1+1)-(2x_2+1)=$ _____①．

因为 $x_1<x_2$，所以 x_1-x_2 _____ 0②，

所以 $f(x_1)-f(x_2)$ _____ 0③，

即 $f(x_1)$ _____ $f(x_2)$④，

所以 $f(x)=2x+1$ 在区间 $(-\infty,+\infty)$ 上是 _____⑤．

答案 ①$2(x_1-x_2)$；　②$<$；　③$<$；　④$<$；　⑤增函数．

例 3 证明函数 $f(x)=-x^2$(见图 3-12)．

(1)在区间 $(-\infty,0)$ 内是增函数；

(2)在区间 $[0,+\infty)$ 上是减函数．

证明 (1)设 $x_1,x_2\in(-\infty,0)$，且 _____①，

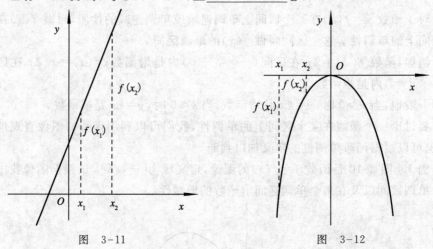

图 3-11　　　　　　　　　图 3-12

那么 $f(x_1)=-x_1^2$，$f(x_2)=-x_2^2$，

$f(x_1)-f(x_2)=$ _____② $=$ _____③．

因为 $x_1<0$，$x_2<0$，所以 x_1+x_2 _____ 0④．

又因为 $x_1<x_2$，所以 x_2-x_1 _____ 0⑤．

从而 $f(x_1)-f(x_2)$ _____ 0⑥，

即 $f(x_1)$ _____ $f(x_2)$⑦.

所以 $f(x)=-x^2$ 在 $(-\infty,0)$ 上是 _____⑧.

答案　①$x_1<x_2$；　②$x_2^2-x_1^2$；　③$(x_2+x_1)(x_2-x_1)$；

④<；　⑤>；　⑥<；　⑦<；　⑧增函数.

(2)设 $x_1,x_2\in[0,+\infty)$，且 $x_1<x_2$，那么 $f(x_1)=-x_1^2,f(x_2)=-x_2^2$，

以下请同学们自己完成证明.

证明函数 $f(x)=x^2$.

(1)在 $x\in(-\infty,0)$ 内是减函数；

(2)在 $x\in[0,+\infty)$ 上是增函数.

练　习

1. 如图 3-13 所示，已知函数 $y=f(x)$ 的图像，试根据图像找出函数的单调区间以及在每个区间上的函数增减性.

2. 证明一次函数 $y=x-1$ 在 $x\in(-\infty,+\infty)$ 内为增函数.

3. 证明一次函数 $y=3x$ 在 $x\in(-\infty,+\infty)$ 内为减函数.

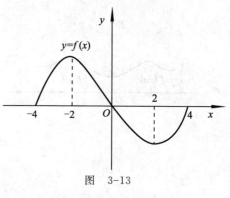

图　3-13

3.2.2　函数的奇偶性

在作函数的图像时，我们可以看到，$f(x)=2x$ 的图像关于原点对称，$f(x)=x^2$ 的图像关于 y 轴对称，如图 3-14 所示；从函数的解析式也可以发现，当 x 取两个互为相反数的值时，$f(x)=2x$ 的函数值是两个互为相反数的数，而 $f(x)=x^2$ 的两个函数值相等.

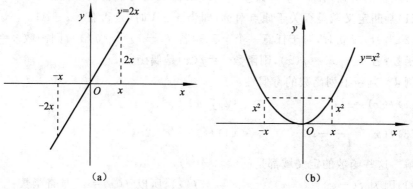

（a）　　　　　　　　　　　　　（b）

图　3-14

(1)一般地,对于函数 $f(x)$:如果函数 $f(x)$ 对其定义域 D 内任意一个 x 值,且 $-x\in D$,都有 $f(-x)=f(x)$,那么函数 $f(x)$ 就叫做**偶函数**.

(2)如果函数 $f(x)$ 对其定义域 D 内任意一个 x 值,且 $-x\in D$,都有 $f(-x)=-f(x)$,那么函数 $f(x)$ 就叫做**奇函数**.

根据上述定义,我们可以看出:如果 $f(x)$ 是偶函数,则点 $(x,f(x))$ 与点 $(-x,f(-x))$ 都在 $f(x)$ 的图像上,这两点是关于 y 轴对称的.

如果 $f(x)$ 是奇函数,则点 $(x,f(x))$ 与点 $(-x,f(-x))$ 都在 $f(x)$ 的图像上,这两点是关于原点对称的. 于是我们可以推出:

一个函数是偶函数的充要条件是,它的图像关于 y 轴对称,属于轴对称图形,如图 3-15(a)所示.

一个函数是奇函数的充要条件是,它的图像关于原点对称,属于中心对称图形,如图 3-15(b)所示.

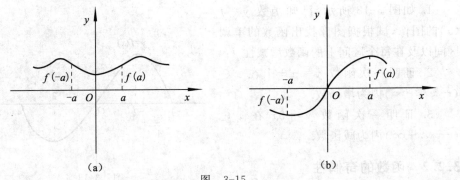

图　3-15

注意　在奇函数和偶函数的定义中,都要求函数的定义域对应的区间关于坐标原点对称,如果一个函数的定义域对应的区间关于坐标原点不对称,这就失去了函数是奇函数或是偶函数的前提条件,函数也就无奇偶性可言.

由此我们得到判断一个函数 $y=f(x)(x\in A)$ 的奇偶性的步骤如下:

(1)判断定义域是否关于原点对称,即当 $x\in A$ 时,是否有 $-x\in A$;

(2)当(1)成立时,对于任意一个 $x\in A$,若 $f(-x)=-f(x)$,则函数 $y=f(x)$ 是奇函数;若 $f(-x)=f(x)$,则函数 $y=f(x)$ 是偶函数.

例4　判断下列函数的奇偶性:

(1) $f(x)=x^3$;　　　　　　　　(2) $f(x)=x^4-1$;

(3) $f(x)=\dfrac{x}{1+x^2}$;　　　　　　(4) $f(x)=x+2$.

解　这些函数的定义域都是 $(-\infty,+\infty)$,

(1)因为 $f(-x)=(-x)^3=-x^3=-f(x)$,所以 $f(x)=x^3$ 是奇函数;

(2)因为 $f(-x)=(-x)^4-1=x^4-1=f(x)$,所以 $f(x)=x^4-1$ 是偶函数;

(3)因为 $f(-x)=\dfrac{(-x)}{1+(-x)^2}=-\dfrac{x}{1+x^2}=-f(x)$,所以 $f(x)=\dfrac{x}{1+x^2}$ 是奇函数;

(4)因为 $f(x)=x+2$,$f(-x)=-x+2$,

当 $x\neq 0$ 时,$f(-x)\neq f(x)$,且 $f(-x)\neq -f(x)$,

所以 $f(x)=x+2$ 既不是偶函数,也不是奇函数.

例 5 判定函数 $y=\dfrac{1}{x}$ 的奇偶性并画出图像,根据图像求增减性.

解 函数 $f(x)=\dfrac{1}{x}$ 的定义域是 $x\neq 0$ 的实数,

即 $x\in(-\infty,0)\bigcup(0,+\infty)$,

因为 $f(-x)=-\dfrac{1}{x}=-f(x)$,所以函数 $y=\dfrac{1}{x}$ 是奇函数;

如图 3-16 所示,画出 $f(x)=\dfrac{1}{x}$ 的图像.

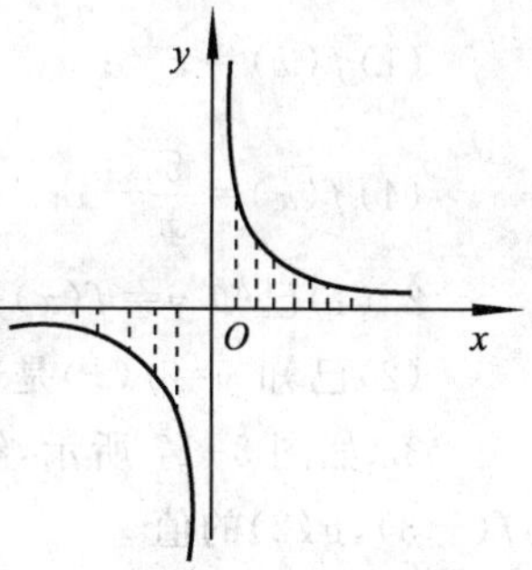

观察图像知,$f(x)=\dfrac{1}{x}$ 在 $(-\infty,0)$ 上是减函数,在 $(0,+\infty)$ 上也是减函数.

图 3-16

反比例函数的性质如表 3-6 所示.

表 3-6

$y=\dfrac{k}{x}$ $(k\neq 0)$	定义域	值域	图像	单调性	奇偶性
$k>0$	$x\neq 0$	$y\neq 0$	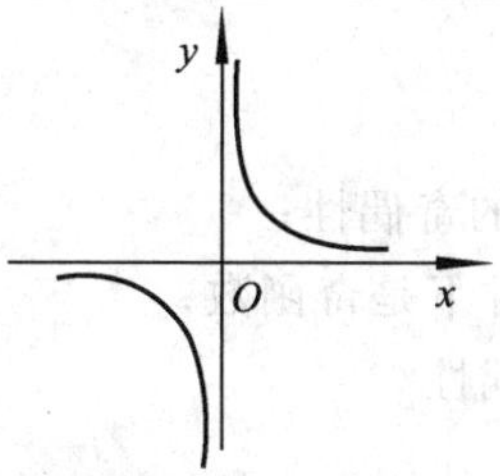	$x\in(-\infty,0)$ 和 $x\in(0,+\infty)$ 内均为减函数	奇函数
$k<0$	$x\neq 0$	$y\neq 0$	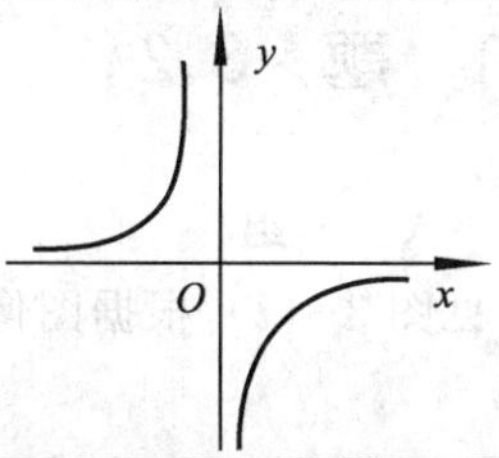	$x\in(-\infty,0)$ 和 $x\in(0,+\infty)$ 内均为增函数	奇函数

想一想

(1)举出一个偶函数的例子,并且它在$(0,+\infty)$上是增函数.

(2)再举出一个奇函数的例子,并且它在$(0,+\infty)$上是减函数.

练　习

1. 判断下列函数的奇偶性:

(1)$f(x)=x^{-2}$;　　　　(2)$f(x)=2x+x^3$;　　　　(3)$f(x)=\dfrac{2x^2}{1+x^2}$;

(4)$f(x)=\dfrac{5}{x}-x$;　　　(5)$f(x)=\sqrt[3]{x}$;　　　　(6)$f(x)=\sqrt{1-x^2}$.

2.(1)已知$y=f(x)$是偶函数,且$f(3)=9$,求$f(-3)$的值;

(2)已知$y=f(x)$是奇函数,且$f(-4)=5$,求$f(4)$的值.

3. 如图3-17所示,给出奇函数$f(x)$和偶函数$g(x)$的部分图像,根据图像求$f(-3),g(2)$的值.

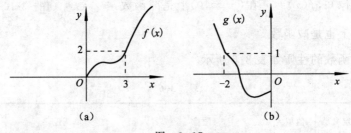

图　3-17

4. 题组训练:

(1)判断$y=2x$与$y=2x+3$的奇偶性;

(2)函数$y=2x+b$在什么条件下是奇函数;

(3)讨论函数$y=2x+b$的奇偶性.

习　题　3.2

A　组

1. 已知函数$y=f(x)$的图像(见图3-18),根据图像找出函数的单调区间以及在每个单调区间上函数的增减性.

2. 分别画出下列函数的图像,并判定它们在所给区间内的单调性:

(1)函数 $f(x)=-3x+2,x\in(-\infty,+\infty)$;

(2)函数 $f(x)=-\dfrac{2}{x},x\in(0,+\infty)$;

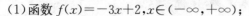

(3)函数 $f(x)=x^2+1,x\in(-\infty,0)$.

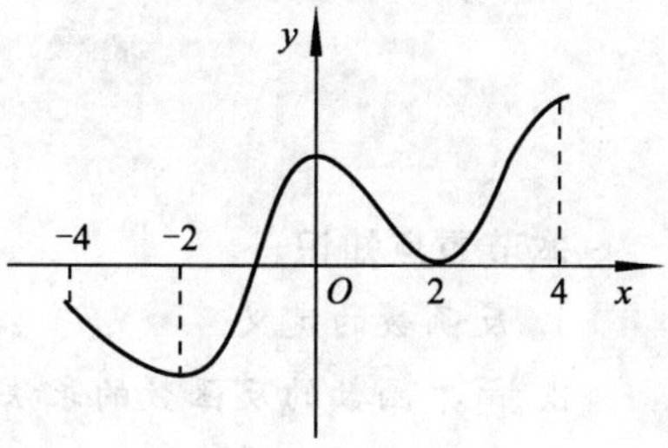

图 3–18

3. 题组训练:

(1)函数 $y=-x^2$ 在 $[0,4]$ 上的单调性为＿＿＿＿＿＿;

(2)函数 $y=-x^2$ 在 $[-4,0)$ 上的单调性为＿＿＿＿＿＿;

(3)能说 $y=-x^2$ 在 $[-4,4]$ 上是增函数吗? 为什么?

(4)求函数 $y=-x^3$ 在 $[-5,5]$ 上的单调区间.

4. 判断下列函数的奇偶性:

(1)$f(x)=3x$;　　　　(2)$f(x)=-3x+2$;　　　　(3)$f(x)=3-x^2$;

(4)$f(x)=9-6x+x^2$;　(5)$f(x)=x+x^{-3}$;　　　　(6)$f(x)=x^4+x^{-2}$.

5. 已知 $y=f(x)$ 是偶函数,且 $x>0$ 时,$y=f(x)$ 是增函数. 试比较下列函数值的大小:

(1)$f(-2)$ 与 $f(2)$;　　(2)$f(-1)$ 与 $f(3)$;　　(3)$f(-3)$ 与 $f(2.5)$.

B　组

1. 若 $f(x)$ 在 **R** 上是增函数,且实数 a,b 满足 $a+b>0$,试比较 $f(a)$ 与 $f(-b)$,$f(-a)$ 与 $f(b)$ 的大小.

2. 题组训练:

(1)若 $f(x)$ 在 **R** 上是减函数,且 $f(1-m)<f(m-3)$,求 m 的取值范围;

(2)若 $f(x)$ 在 $(-\infty,0)$ 上是减函数,且 $f(1-m)<f(m-3)$,求 m 的取值范围.

3. 题组训练:

(1)设 $f(x),g(x)$ 都是定义域为 A 的偶函数. 令 $h(x)=f(x)+g(x)$,$p(x)=f(x)g(x)$.

试问:$h(x),p(x)$ 是否仍为偶函数?

(2)设 $f(x),g(x)$ 都是定义域为 A 的奇函数. 令 $h(x)=f(x)+g(x)$,$p(x)=f(x)g(x)$.

试问:$h(x)$ 是否为奇函数? $p(x)$ 是否为偶函数?

(3)设 $f(x)$ 是定义域为 A 的偶函数,$g(x)$ 是定义域为 A 的奇函数. 令 $h(x)=f(x)+g(x)$,$p(x)=f(x)g(x)$.

试问:$h(x)$ 是奇函数还是偶函数? $p(x)$ 是否为奇函数?

3.3 反 函 数

本节重点知识:

1. 反函数的定义.

2. 简单函数的反函数的求法.

3. 互为反函数的图像间的关系.

我们知道,正方形面积 y 是边长 x 的函数,即 $y=x^2$, $x\in\mathbf{R}_+$. 反过来,如果已知面积 y,求边长 x 时,那么 $x=\sqrt{y}$, $y\in\mathbf{R}_+$. 这时,面积 y 是自变量,而边长 x 是面积 y 的函数.

在这种情况下,我们就说 $x=\sqrt{y}(y\in\mathbf{R}_+)$ 是 $y=x^2$ 的反函数.

一般地,函数 $y=f(x)$ 中, x 是自变量, y 是 x 的函数,设它的定义域为 A,值域为 B. 我们根据函数 $y=f(x)$ 中 x, y 的关系,用 y 把 x 表示出来,得到 $x=\varphi(y)$. 如果对于 y 在 B 中的任何一个值,通过 $x=\varphi(y)$, x 在 A 中都有唯一的值和它对应,那么 $x=\varphi(y)$ 就表示 y 是自变量, x 是自变量 y 的函数. 函数 $x=\varphi(y)(y\in B)$ 就叫做函数 $y=f(x)(x\in A)$ 的**反函数**,记做 $x=f^{-1}(y)$.

由于习惯用 x 表示自变量,用 y 表示自变量函数,因此把它改写为 $y=f^{-1}(x)$.

从反函数的概念可知,如果函数 $y=f(x)$ 有反函数 $y=f^{-1}(x)$,那么函数 $y=f^{-1}(x)$ 的反函数就是 $y=f(x)$,也就是说,函数 $y=f(x)$ 与 $y=f^{-1}(x)$ 互为反函数.

函数 $f(x)$ 的定义域正好是它的反函数 $y=f^{-1}(x)$ 的值域;函数 $y=f(x)$ 的值域,正好是它的反函数 $y=f^{-1}(x)$ 的定义域(见表 3-7).

表　3-7

	函数 $y=f(x)$	反函数 $y=f^{-1}(x)$
定义域	A	B
值域	B	A

例1 求下列函数的反函数:

(1) $y=3x+2$, $x\in\mathbf{R}$;

(2) $y=\dfrac{x-1}{x+1}$, $x\in\mathbf{R}$,且 $x\neq-1$;

(3) $y=\sqrt{x-1}$, $x\in[1,+\infty)$.

解 （1）从 $y=3x+2$ 解出 $x=\dfrac{y-2}{3}$，把 x,y 对调，就得函数 $y=3x+2$ 的反函数 $y=\dfrac{x-2}{3}$，$x\in\mathbf{R}$；

（2）从 $y=\dfrac{x-1}{x+1}$ 解出 $x=\dfrac{1+y}{1-y}$，把 x,y 对调，就得到函数 $y=\dfrac{x-1}{x+1}$ 的反函数 $y=\dfrac{1+x}{1-x}$，$x\in\mathbf{R}$，且 $x\neq1$；

（3）从 $y=\sqrt{x-1}$ 解出 $x=y^2+1$，把 x,y 对调，就得到函数 $y=\sqrt{x-1}$ 的反函数 $y=x^2+1$，$x\in[0,+\infty)$.

由于函数 $y=\sqrt{x-1}$ 的定义域是 $x\in[1,+\infty)$，值域是 $y\in[0,+\infty)$，所以它的反函数 $y=x^2+1$ 的定义域是 $x\in[0,+\infty)$，值域是 $y\in[1,+\infty)$.

例 2 作出函数 $y=2x(x\in\mathbf{R})$ 和它的反函数的图像.

解 从 $y=2x$ 解出 $x=\dfrac{y}{2}$，得出函数 $y=2x(x\in\mathbf{R})$ 的反函数是 $y=\dfrac{x}{2}$，$x\in\mathbf{R}$.

函数 $y=2x$，$x\in\mathbf{R}$ 的图像是经过 $(0,0)$ 和 $(1,2)$ 的直线；

而它的反函数 $y=\dfrac{x}{2}$，$x\in\mathbf{R}$ 的图像是经过 $(0,0)$ 和 $(2,1)$ 的直线，如图 3-19 所示.

从图 3-19 可以看出，反函数 $y=\dfrac{x}{2}$ 的图像上的点 $Q(2,1)$ 与函数 $y=2x$ 图像上

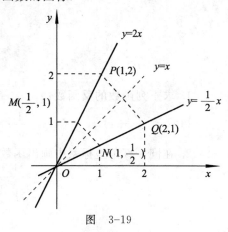

图 3-19

的点 $P(1,2)$ 关于直线 $y=x$ 是对称的；同样，点 $N\left(1,\dfrac{1}{2}\right)$ 与点 $M\left(\dfrac{1}{2},1\right)$ 也关于直线 $y=x$ 对称. 由此可知，$y=2x$ 和它的反函数 $y=\dfrac{x}{2}$ 的图像是以直线 $y=x$ 为对称轴的对称图形.

一般地，**函数 $y=f(x)$ 的图像和它的反函数 $y=f^{-1}(x)$ 的图像关于直线 $y=x$ 对称**.

利用互为反函数的图像间的对称性，我们要作一个函数和它的反函数的图像时，只要作出其中的一个，然后把坐标平面以直线 $y=x$ 为轴翻转 $180°$ 就可以得到另一个函数的图像.

想一想

(1)函数 $y=x^2(x\in\mathbf{R})$ 有反函数吗？为什么？

(2)求函数 $y=x^2(x\geqslant 0)$ 的反函数；

(3)求函数 $y=x^2(x<0)$ 的反函数；

(4)在图 3-20 中画出 $y=x^2(x\geqslant 0)$ 的反函数的图像.

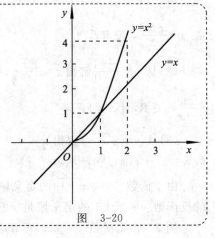

图 3-20

练　习

1. 求下列函数的反函数：

(1) $y=2x-5$；　　　(2) $y=\dfrac{1}{x}$；　　　(3) $y=-3x$；　　　(4) $y=-\dfrac{3}{x}$.

2. 在同一直角坐标系中画出函数 $y=2x-5$ 的图像与它的反函数的图像.

习　题　3.3

1. 求下列函数的反函数：

(1) $y=2x-3,x\in\mathbf{R}$；　　　　　　(2) $y=2x^3,x\in\mathbf{R}$；

(3) $y=\dfrac{2}{x},x\neq 0$；　　　　　　　(4) $y=\sqrt{x+1},x\in[-1,+\infty)$.

2. 求下列函数的反函数,并指出该函数和它的反函数的定义域：

(1) $y=\dfrac{1}{x}+1$；　　　　　　　(2) $y=\dfrac{x}{2x-1}$；

(3) $y=\sqrt{2x-3}$；　　　　　　　(4) $y=x^3+1$.

3. 题组训练：

(1)已知 $f(x)=3x+5$,求 $f^{-1}(x)$；

(2)已知 $f(x)=3x+5$,求 $f^{-1}[f(x)]$；

(3)已知 $f(x)=3x+5$,求 $f[f^{-1}(x)]$；

(4)已知 $f(x)=3x+5$,求 $g(x)=-x-4$,求 $f^{-1}[g(x)]$,$g^{-1}[f(x)]$,$f^{-1}[g^{-1}(x)]$,$g^{-1}[f^{-1}(x)]$.

4. 求下列函数的反函数,并在同一直角坐标系内做出函数及其反函数的图像:

(1)$y=x^3$;　　　　　　　　　　(2)$y=3x-1$.

3.4　二　次　函　数

本节重点知识:

1. 二次函数的概念.

2. 配方法研究二次函数的图像和性质.

一般地,函数

$$y=ax^2+bx+c(a\neq0) \tag{1}$$

叫做**二次函数**. 它的定义域是 **R**.

如果 $b=c=0$,则(1)式变为 $y=ax^2(a\neq0)$,它的图像是一条顶点为原点的抛物线. 当 $a>0$ 时,抛物线开口向上;当 $a<0$ 时,抛物线开口向下. 这个函数为偶函数,y 轴为它的图像的对称轴.

在同一直角坐标系中(见图 3-21),作出函数

$$y=-3x^2,y=-2x^2,y=-x^2,y=-\frac{1}{2}x^2,$$

$$y=\frac{1}{2}x^2,y=x^2,y=2x^2,y=3x^2.$$

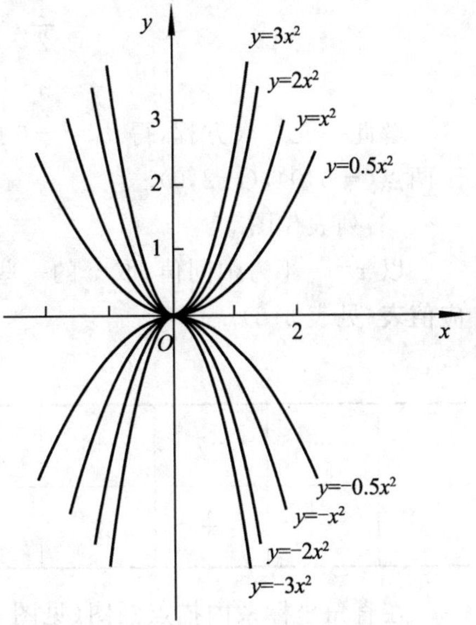

可以看出,函数 $y=ax^2$ 中的系数 a 对函数图形的影响.

当 a 从 -3 逐渐变化到 0 时,抛物线开口向下并逐渐变大;当 $a=0$ 时,$y=0$,抛物线变为 x 轴;当 a 从 0 逐渐变化到 3 时,抛物线开口向上并逐渐变小.

图　3-21

如何利用配方法研究二次函数的性质和图像?

例 1　研讨二次函数 $f(x)=\dfrac{1}{2}x^2+4x+6$ 的性质与图像.

解　(1)配方.

$$f(x)=\frac{1}{2}x^2+4x+6=\frac{1}{2}(x^2+8x+12)$$

$$=\frac{1}{2}[(x+4)^2-16+12]$$

$$=\frac{1}{2}[(x+4)^2-4]$$

$$=\frac{1}{2}(x+4)^2-2.$$

由于对任意实数 x,都有 $\frac{1}{2}(x+4)^2\geqslant 0$,所以 $f(x)\geqslant -2$.

上式当 $x=-4$ 时取等号,即 $f(-4)=-2$,这说明该函数在 $x=-4$ 时,取得最小值 -2,记为 $y_{\min}=-2$. 点 $(-4,-2)$ 是这个图像的顶点.

(2)求函数的图像与 x 轴的交点.

令 $y=0$,即

$$\frac{1}{2}x^2+4x+6=0,$$

$$x^2+8x+12=0.$$

解此一元二次方程,得 $x_1=-6$ 或 $x_2=-2$,这说明该函数的图像与 x 轴相交于两点 $(-6,0)$,$(-2,0)$.

(3)列表作图.

以 $x=-4$ 为中间值,取 x 的一些值(包括使 $y=0$ 的 x 值),列出这个函数的对应值表(见表 3-8).

表　3-8

x	$\cdots$	-7	-6	-5	-4	-3	-2	-1	$\cdots$
y	$\cdots$	$\frac{5}{2}$	0	$-\frac{3}{2}$	-2	$-\frac{3}{2}$	0	$\frac{5}{2}$	$\cdots$

在直角坐标系内描点画图(见图 3-22).

从上表和函数的图像容易推测,该函数的图像是以过点 $M(-4,0)$ 且平行于 y 轴的直线(即直线 $x=-4$)为对称轴的轴对称图形. 下面我们来证明这个事实.

在 $x=-4$ 的两边取两个关于直线 $x=-4$ 对称的 x 值:

$$-4-h,-4+h(h>0).$$

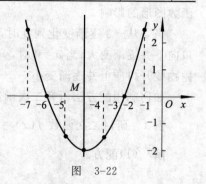

图　3-22

可以证明在这两点的函数值相等. 事实上,

$$f(-4-h)=\frac{1}{2}(-4-h)^2+4(-4-h)+6$$
$$=\frac{1}{2}h^2-2,$$
$$f(-4+h)=\frac{1}{2}(-4+h)^2+4(-4+h)+6=\frac{1}{2}h^2-2.$$

所以　　　　　　　　　　$f(-4-h)=f(-4+h).$

对于上述结论,可简单地说成二次函数的图像关于直线 $x=-4$ 对称.

我们观察这个函数的图像,还可以发现,函数在区间 $(-\infty,-4]$ 是减函数,在区间 $[-4,+\infty)$ 是增函数.

下面我们再来研究 $a<0$ 的情况.

例 2　研讨二次函数 $y=-x^2-4x+3$ 的性质和图像.

解　(1)配方 $y=f(x)=-x^2-4x+3$
$$=-(x^2+4x-3)$$
$$=-[(x+2)^2-7]$$
$$=-(x+2)^2+7.$$

由 $-(x+2)^2\leqslant0$ 得,该函数对任意实数 x 都有 $f(x)\leqslant7$,且当 $x=-2$ 时取等号,即 $f(-2)=7$,说明函数在 $x=-2$ 时取得最大值 7,记作 $y_{\max}=7$. 函数图像的顶点是 $(-2,7)$.

(2)求函数的图像与 x 轴的交点

令方程 $-x^2-4x+3=0$,解此方程得 $x_1=-2+\sqrt{7},x_2=-2-\sqrt{7}$.

这说明该函数的图像与 x 轴相交于两点 $(-2-\sqrt{7},0),(-2+\sqrt{7},0)$.

(3)列表作图以 $x=-2$ 为中间值,取 x 的一些值,列出函数的对应值表(见表 3-9):

表　3–9

x	…	-5	-4	-3	-2	-1	0	1	…
y	…	-2	3	6	7	6	3	-2	…

在直角坐标系内描点画图,如图 3-23 所示.

(4)类似例 1 的分析,我们可得到函数 $y=-x^2-4x+3$ 关于直线 $x=-2$ 成轴对称图形. 在区间 $(-\infty,-2]$ 是增函数,在区间 $[-2,+\infty)$ 是减函数.

从以上两例我们可以看到,为了比较准确地画出一元二次函数的图像,我们首先需要分析函数的对称轴、顶点、单调区间,根据这些分析再做出函数的图像.

对任何二次函数 $y=ax^2+bx+c(a\neq0)$,都可通过配方化为

$$y=a\left(x+\frac{b}{2a}\right)^2+\frac{4ac-b^2}{4a}$$
$$=a(x+h)^2+k. \qquad (2)$$

其中, $h=\frac{b}{2a}$, $k=\frac{4ac-b^2}{4a}$.

从(1)式我们就可以得到二次函数有如下性质:

(1)函数图像是一条抛物线,抛物线顶点坐标是 $(-h,k)$,抛物线的对称轴是直线 $x=-h$;

(2)当 $a>0$ 时,函数在 $x=-h$ 处取得最小值 $k=f(-h)$;函数在区间 $(-\infty,-h]$ 上是减函数,在区间 $[-h,+\infty)$ 上是增函数;

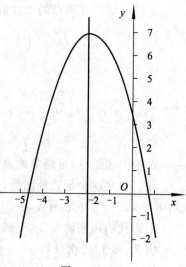

图　3-23

(3)当 $a<0$ 时,函数在 $x=-h$ 处取得最大值 $k=f(-h)$;函数在区间 $(-\infty,-h]$ 上是增函数,在区间 $[-h,+\infty)$ 上是减函数.

我们已看到,"配方法"是研究二次函数的主要方法.熟练地掌握配方法是掌握二次函数性质的关键.

例3 求函数 $y=3x^2+2x+1$ 的最小值和图像的对称轴,并说出它在哪个区间是增函数,在哪个区间是减函数.

解 因为 $y=3x^2+2x+1=3\left(x+\frac{1}{3}\right)^2+\frac{2}{3}$,所以 $y_{\min}=f\left(-\frac{1}{3}\right)=\frac{2}{3}$.

函数图像的对称轴是直线 $x=-\frac{1}{3}$,它在区间 $\left(-\infty,-\frac{1}{3}\right]$ 上是减函数,在区间 $\left[-\frac{1}{3},+\infty\right)$ 上是增函数.

例4 已知二次函数 $y=x^2-x-6$,说出:

(1) x 取哪些值时, $y=0$;

(2) x 取哪些值时, $y>0$; x 取哪些值时, $y<0$.

解 (1)求使 $y=0$ 的 x 值,即求二次方程 $x-x^2-6=0$ 的所有根.方程的判别式:

$$\Delta=(-1)^2-4\times1\times(-6)=25>0,解得 x=-2,x=3.$$

这就是说,当 $x=-2$ 或 $x=3$ 时,函数值 $y=0$.

(2)画出函数的简图(见图3-24),函数的开口向上.从图像上可以看出,它与 x 轴相交于两点 $(-2,0)$, $(3,0)$,这两点把 x 轴分成三段,当 $x\in(-2,3)$ 时, $y<0$;

当 $x\in(-\infty,-2)\cup(3,+\infty)$ 时,$y>0$.

从上面例我们可以看到,一元二次方程、一元二次不等式与二次函数有着密切的关系.

求二次方程 $ax^2+bx+c=0$ 的解,就是求二次函数 $y=ax^2+bx+c(a\neq0)$ 的根.

求不等式 $ax^2+bx+c<0$ 的解集,就是求使二次函数 $y=ax^2+bx+c$ 的函数值小于 0 的自变量的取值范围.

求不等式 $ax^2+bx+c>0$ 的解集,就是求使二次函数 $y=ax^2+bx+c$ 的函数值大于 0 的自变量的取值范围.

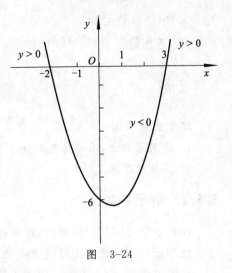

图 3-24

练　习

1. 用配方法求下列函数的最大值或最小值:

(1) $f(x)=x^2+8x+3$; 　　　　(2) $f(x)=5x^2-4x-3$;

(3) $f(x)=-x^2+x+1$; 　　　　(4) $f(x)=-3x^2+5x-8$.

2. 求出下列函数图像的对称轴和顶点坐标,并画出函数图像:

(1) $f(x)=\dfrac{1}{2}x^2-5x+1$; 　　　　(2) $f(x)=-2x^2+x-1$.

习　题　3.4

1. 求下列函数图像顶点的坐标、函数的最大值或最小值:

(1) $y=2x^2-8x+3$; 　　　　(2) $y=-x^2+2x+4$.

2. 求函数 $y=x^2-2x-3$ 的图像与 x 轴的交点坐标及顶点坐标.

3. 已知二次函数 $f(x)=-x^2+4x-3$:

(1) 指出函数图像的开口方向;

(2) x 为何值时 $f(x)=0$;

(3) 求函数图像顶点的坐标和对称轴.

4. 用配方法求下列函数的定义域:

(1) $f(x)=\sqrt{x^2-4x+9}$; 　　　　(2) $f(x)=\sqrt{-2x^2+12x-18}$.

5. 已知函数 $f(x)=x^2-2x-3$,不直接计算函数值,试比较 $f(-2)$ 和 $f(4)$,

$f(-3)$ 和 $f(3)$ 的大小.

6. k 为何值时,函数 $f(x)=-3x^2+2x-k+1$ 图像与 x 轴不相交?

3.5　函数的应用

本节重点知识:

1. 待定系数法:用待定系数法求一次函数、二次函数的解析式.

2. 函数的应用.

3.5.1　待定系数法

在初中学习正比例函数时,曾解过下面类型的问题:

已知正比例函数的图像通过点 $(3,4)$,求这个函数的解析式.

它的解法是,设所求的正比例函数为 $y=kx(k\neq0)$,其中 k 待定,再根据条件把 $x=3,y=4$ 代入式子求出 $k=\dfrac{4}{3}$,得到所求正比例函数为 $y=\dfrac{4}{3}x$.

再如,已知一次函数的图像通过 $(2,4)$,$(-4,-5)$ 两点,求这个函数的解析式.

同样,我们可设所求的一次函数为 $y=kx+b(k\neq0)$,其中 k,b 待定,再根据题设条件列方程组求出 k,b,即可求出这个一次函数 $y=\dfrac{3}{2}x+1$.

一般地,在求一个函数时,如果知道这个函数的一般形式(如一次函数为 $y=kx+b$,二次函数为 $y=ax^2+bx+c$),可先把所求的函数写成一般形式,再根据已知条件列方程(组),求出它的系数,这种通过求待定系数来确定变量之间关系的方法叫做**待定系数法**.

> 🔍 **练一练**
>
> 　　已知一次函数 $f(x)$ 的函数值 $f(1)=3$,$f(-2)=-3$,求这个一次函数的解析式.

例 1　已知一个二次函数图像的对称轴为 $x=2$,且与 x 轴的一个交点为 $(3,0)$,与 y 轴的交点为 $(0,2)$,求这个二次函数的解析式.

解　设所求二次函数为 $y=a(x-2)^2+k(a\neq0)$.

根据已知条件,得

$$\begin{cases} a+k=0, \\ 4a+k=2. \end{cases}$$

解方程组,得

$$\begin{cases} a=\dfrac{2}{3}, \\ k=-\dfrac{2}{3}. \end{cases}$$

所求的二次函数为 $y=\dfrac{2}{3}(x-2)^2-\dfrac{2}{3}=\dfrac{2}{3}x^2-\dfrac{8}{3}x+2$.

例 2　已知 $f(x)$ 是二次函数,且 $f(0)=-3,f(1)=0,f(-1)=-4$,求这个二次函数的解析式.

解　设所求二次函数为 $f(x)=ax^2+bx+c(a\neq0)$.

根据已知条件,得

$$\begin{cases} a\cdot0^2+b\cdot0+c=-3, \\ a\cdot1^2+b\cdot1+c=0, \\ a\cdot(-1)^2+b\cdot(-1)+c=-4. \end{cases}$$

解方程组,得

$$\begin{cases} a=1, \\ b=2, \\ c=-3. \end{cases}$$

所求二次函数为 $f(x)=x^2+2x-3$.

练　习

1. 已知一次函数的图像过点 $A(1,2),B(-2,3)$,求这个一次函数的解析式.

2. 一次函数 $y=kx+b$ 中,当 $x=1$ 时,$y=3$;当 $x=2$ 时,$y=4$,求这个函数的解析式.

3. 已知二次函数的图像对称轴为 $x=-3$,且过点 $P(-2,-4)$,与 y 轴的交点为 $(0,4)$,求这个函数的解析式.

4. 已知 $y=f(x)$ 是二次函数,并且 $f\left(\dfrac{1}{2}\right)=f(1)=0,f(0)=1$,求这个函数的解析式.

5. 已知二次函数的图像通过 $A(-2,0),B(1,0),C(0,-2)$ 三点,求这个函数的解析式.

6. 已知二次函数 $y=x^2+px+q$ 的图像过点 $(-6,0)$ 和 $(1,0)$ 两点,求这个函数的解析式.

3.5.2　函数的应用

一次函数和二次函数在许多实际问题中有重要应用,下面举一些例子来说明.

例3　某地长途汽车客运公司规定旅客可随身携带一定重量的行李,如果超过规定,则需要购买行李票,行李票的费用y(元)是行李重量x(kg)的一次函数,其图像如图 3-25 所示. 求:

(1)y与x之间的函数解析式;

(2)旅客最多可以免费携带行李的重量.

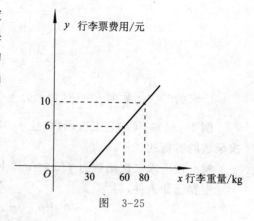

图　3-25

分析　观察所绘图像,知当$x=60$时,$y=6$;当$x=80$时,$y=10$. 可用待定系数法求函数表达式.

当$y=0$时的自变量的值,就是旅客最多可免费携带行李的重量.

解　(1)设一次函数表达式是$y=kx+b$.

因为当$x=60$时,$y=6$;当$x=80$时,$y=10$,有

$$\begin{cases} 6=60k+b, \\ 10=80k+b. \end{cases}$$

解得

$$\begin{cases} k=\dfrac{1}{5}, \\ b=-6, \end{cases}$$

所求函数解析式是$y=\dfrac{1}{5}x-6(x\geqslant 30)$.

(2)当$y=0$时,$\dfrac{1}{5}x-6=0$,

所以$x=30$.

旅客最多可免费携带 30 kg 行李.

例4　某工厂生产一种产品的总利润L(元)是产量x(件)的二次函数

$$L=-x^2+2\,000x-10\,000,0<x<1900.$$

试问:产量是多少时总利润最大? 最大利润是多少?

解　由于$a=-1<0$,因此上述二次函数在$(-\infty,+\infty)$上有最大值. 将函数的解析式配方得:

$$L=-(x^2-2\,000x+1\,000^2-1\,000^2)-10\,000$$

$$=-(x-1\,000)^2+990\,000.$$

由此得出,当$x=1\,000$时,L达到最大值 990 000.

答　当产量为 1 000 件时,总利润最大,最大利润为 99 万元.

例5　某农民想利用一面旧墙(设长度够用)围一个矩形鸡场,已知现有篱笆

材料可围 80 m 长,当矩形的长、宽各为多少时,所围得鸡场面积最大?

解　如图 3-26 所示,设与旧墙垂直一边长为 x m,则另一边长为 $(80-2x)$m.

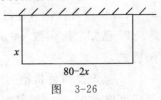
图　3-26

所以矩形面积为 $y=x(80-2x)$,即 $y=-2x^2+80x$.
由于 $a=-2<0$,因此上述二次函数在 $(-\infty,+\infty)$ 上有最大值.将函数的解析式配方得

$$y=-2(x^2-40x)$$
$$=-2(x^2-40x+20^2-20^2)$$
$$=-2(x-20)^2+800.$$

由此得出,当 $x=20$ 时,y 有最大值 800.

答　当所围鸡场与旧墙垂直的一边长为 20 m,另一边长为 40 m 时,鸡场面积最大,最大面积为 800 m^2.

练　习

1. 如图 3-27 所示,折线 ABC 为甲地向乙地打长途电话所需付的电话费 y (元)与通话时间 t(min)之间的函数图像.求:

(1)当 $t\geqslant 3$ 时,该函数的解析式;

(2)通话 2 min 需付电话费多少元;

(3)通话 7 min 需付电话费多少元.

2. 心理学家发现,学生对概念的接受能力 y 与提出概念所用的时间 x(min)之间满足函数关系:$y=-0.1x^2+2.6x+43(0\leqslant x\leqslant 30)$,$y$ 值越大,表示接受能力越强.

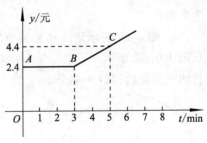
图　3-27

(1)x 在什么范围内,学生的接受能力逐渐增强?

(2)10 min 时,学生的接受能力是多少?

(3)何时学生的接受能力最强?

3. 某农户利用一面旧墙(长度够用)为一边围一块矩形菜地,已知现有篱笆可围 100 m,矩形的长、宽为多少时,所围得菜地面积最大?

习　题　3.5

1. 根据下列条件确定二次函数解析式:

(1)过三点$(1,0),(5,0)$和$(2,-3)$;

(2)顶点为$(2,3)$,且过点$(3,1)$.

2. 已知二次函数 $y=ax^2+bx+3$ 的图像过点$(1,4)$和$(-1,0)$求这个函数的解析式.

3. 某产品每件价格为 80 元时,每天可售出 50 件,如果每件定价为 100 元时,每天可售出 30 件.如果售出的件数与价格是一次函数,求这个函数.

4. 已知二次函数的最大值是 8,它的图像经过$(-2,0)$和$(1,6)$两点,求这个二次函数的解析式.

5. 将一个皮球以 20 m/s 的初速度从地面垂直抛向空中,在时刻 t(s)时,皮球的高度 y(m)为 $y=-5t^2+20t,0 \leqslant t \leqslant 4$.

试问:t 等于多少秒时,皮球达到最高点? 此时高度是多少米?

6. 一个运动员推铅球,铅球刚出手时离地面 $\dfrac{5}{3}$ m,铅球落地点距离铅球刚出手时所对应地面上的点 10 m,铅球运行中最高点离地面 3 m,已知铅球走过路线是抛物线,求这条抛物线的解析式.

7. 要建筑一个地下隧道,截面是圆拱形,它的上半部是半圆,下半部是矩形,如图 3-28 所示.如果隧道截面周长是 20 m,要使截面面积最大,那么半圆的半径为多少?

8. 图 3-29 表示近 5 年来某市的财政收入情况,图中 x 轴上 $1,2,\cdots,5$ 依次表示第 1 年,第 2 年,$\cdots$,第 5 年,即 2007 年,2008 年,$\cdots$,2011 年.可以看出,图中的折线近似抛物线的一部分.

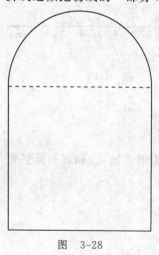

图　3-28

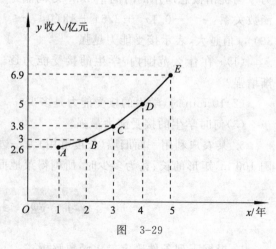

图　3-29

(1)请求出过 A,C,D 三点的二次函数的解析式;

(2)分别求出当 $x=2$ 和 $x=5$ 时(1)中的二次函数的函数值,并分别与 B,E 两点的纵坐标相比较;

(3)利用(1)中的二次函数的解析式预测 2013 年该市的财政收入.

思考与总结

本章主要学习函数的概念,函数的一般性质,同时介绍了函数的应用.

1. 函数

(1)以 x 为自变量的函数 $y=f(x)$ 是集合 A 到集合 B 的一种对应,其中 A 和 B 都是非空的数集,对于 A 中的_____,B 中都有_____和它对应. 自变量 x 取值的集合 A 就是函数 $y=f(x)$ 的_____,和 x 对应的 y 的值就是函数值,函数值的集合 C 就是函数 $y=f(x)$ 的_____($C \subseteq B$).

(2)函数的表示方法通常有三种:解析法、_____、_____.

2. 函数的性质

(1)函数的单调性

对于给定区间上的函数 $f(x)$,如果对于这个区间上的任意两个 x_1,x_2,当 $x_1 < x_2$ 时,都有_____,那么就说 $f(x)$ 在这个区间上是增函数;如果对于这个区间上的任意两个 x_1,x_2,当 $x_1 < x_2$ 时,都有_____,那么就说 $f(x)$ 在这个区间上是减函数;对于函数 $y=f(x)$ 在某个区间上单调递增或单调递减的性质,叫做 $f(x)$ 在这个区间上的_____,这个区间叫做 $f(x)$ 的_____.

(2)函数的奇偶性

如果函数 $y=f(x)$ 对其定义域 D 内的任意一个 x 值,且 $-x \in D$,都有_____,那么函数 $f(x)$ 就叫做偶函数;如果函数 $y=f(x)$ 对其定义域 D 内的任意一个 x 值,且 $-x \in D$,都有_____,那么函数 $f(x)$ 就叫做奇函数.

一个函数是偶函数的充要条件是,它的图像_____;一个函数是奇函数的充要条件是,它的图像_____.

(3)反函数

设函数 $y=f(x)(x \in A)$ 的值域是 B,根据函数 $y=f(x)$ 中 x,y 的关系,用 y 表示 x 得到 $x=\varphi(y)$,在 A 中都有_____和它对应,那么 $x=\varphi(y)$ 表示 y 是自变量,x 是自变量 y 的函数,记做_____. 把字母 x,y 对调以后得到函数_____,就是函数 $y=f(x)$ 的反函数.

函数 $y=f(x)$ 和它的反函数 $y=f^{-1}(x)$ 的图像关于_____对称.

3. 二次函数

二次函数的解析式是 $f(x)=ax^2+bx+c$,其中 a,b,c 是给定的实数,且 $a \neq 0$,

定义域是 **R**.

二次函数的图像是一条抛物线,它的对称轴是_____,顶点坐标为 (_____,_____),其主要性质如表 3-10.

表　3-10

	$a>0$ 开口向上	$a<0$ 开口向下
图像		
性质	(1)定义域为实数集 **R**	(1)定义域为实数集 **R**
	(2)值域为_____	(2)值域为_____
	(3) 当 $x=$_____时,函数有最小值, $y_{最小值}=$_____.	(4) 当 $x=$_____时,函数有最大值, $y_{最大值}=$_____.
	(4)在_____内为减函数; 在_____内为增函数.	(4)在_____内为增函数; 在_____内为减函数.

4. 待定系数法与函数的实际应用

在求一个函数解析式时,如果知道它的类型,可先把所求的函数写成一般形式,再根据题目给定的具体条件代入一般形式,列出方程(或方程组),求出它的系数. 这种方法叫做待定系数法,它是求函数解析式的常用方法.

在实际生活中,量与量之间的关系往往存在着函数关系. 如果根据已知条件把函数关系式求出来,便可深入研究函数性质,解决实际问题.

复 习 题 三

1. 求下列函数的定义域:

(1) $y=\sqrt{2x-5}$;

(2) $y=\dfrac{\sqrt{1-x}}{2x-1}$;

(3) $y=\dfrac{\sqrt{x+1}}{\sqrt{3-x}}$;

(4) $y=\dfrac{1}{\sqrt{x^2-2x-3}}$.

2. 求下列函数的值域:

(1) $f(x)=3-2x,x\in(-\infty,1]$;　　　(2) $f(x)=x^2-2x+1,x\in\{0,1,2,3\}$.

3. 判断下列函数的奇偶性:

(1) $f((x)=x^3$;　　　　　　　　　(2) $f(x)=x^2$;

(3) $f(x)=x^3+x$;　　　　　　　　(4) $f(x)=x^4-2x^2$.

4. 求下列函数的反函数:

(1) $y=\sqrt{x}+1$;　　　　　　　　(2) $y=\dfrac{x+1}{x-2}$;

(3) $y=\dfrac{x}{2x-1}$;　　　　　　　(4) $y=kx+c(k\neq0)$;

(5) $y=x^2(x\in\mathbf{R}_+)$.

5. 求下列二次函数图像的对称轴、顶点坐标、画出它们的图像,并指出它们的开口方向以及单调区间、最小值或最大值:

(1) $y=-\dfrac{1}{2}x^2+1$;　　　(2) $y=x^2-x+2$;　　　(3) $y=-\dfrac{1}{2}x^2+2x-6$.

6. 根据条件确定函数 $f(x)$ 的解析式:

(1) 已知 $f(x)$ 是正比例函数,且 $f(-1)=3$;

(2) 已知 $f(x)$ 是反比例函数,且 $f(-1)=3$;

(3) 已知 $f(x)$ 是一次函数,且 $f(-1)=3,f(0)=2$;

(4) 已知 $f(x)$ 是二次函数,它的图像经过原点,且 $f(-1)=3,f(1)=1$;

(5) 已知 $f(x)$ 是二次函数,满足条件且 $f(-1)=f(3)=0$,最小值为 -5.

7. 选择题:

(1) 下列各组函数中为同一函数的是(　　).

A. $f(n)=2n+1,g(n)=2n(n\in\mathbf{N}_+)$

B. $f(x)=|x-1|,g(x)=\sqrt{(1-x)^2}$

C. $f(x)=\dfrac{x+1}{x^2-1},g(x)=\dfrac{1}{x-1}$

D. $f(x)=\sqrt{x^2},g(x)=x$

(2) 函数 $y=-\dfrac{1}{2}x^2-3x-\dfrac{5}{2}$ 的值域是(　　).

A. $\{y|y\geqslant-\dfrac{5}{2}\}$　　B. $\{y|y\leqslant-\dfrac{5}{2}\}$　　C. $\{y|y\geqslant2\}$　　D. $\{y|y\leqslant2\}$

(3) 在区间 $[-a,a](a>0)$ 上,$f(x)$ 只是奇函数,$g(x)$ 只是偶函数,那么函数 $y=f(x)\cdot g(x)$(　　).

A. 只是奇函数　　　　　　　　B. 只是偶函数

C. 既不是奇函数,也不是偶函数　　　D. 可能是奇函数,也可能是偶函数

(4)函数 $y=\sqrt{3-x^2}+\dfrac{9}{|x|+1}$ (　　).

A. 只是偶函数　　　　　　　　　B. 只是奇函数

C. 既是偶函数,又是奇函数　　　　D. 是非奇非偶函数

(5)如图 3-30 所示,当 $a<0,b<0,\Delta=b^2-4ac>0$ 时,二次函数 $y=ax^2+bx+c$ 的图像为(　　).

A. 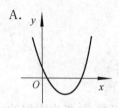　　B. 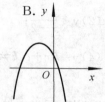　　C. 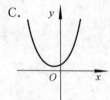　　D.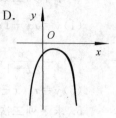

图　3-30

(6)如图 3-31 所示,函数 $y=x+\dfrac{|x|}{x}$ 的图像是(　　).

A. 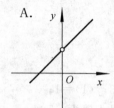　　B. 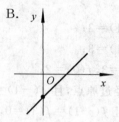　　C. 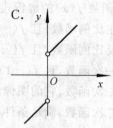　　D.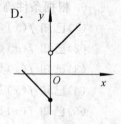

图　3-31

(7)已知函数 $f(x)=\begin{cases}-x,&(x>0)\\x^2,&(x<0)\end{cases}$,则 $f[f(3)]=$ (　　).

A. -3　　　　　B. 3　　　　　C. -9　　　　　D. 9

(8)函数 $f(x)=\begin{cases}x+2,&(x\leqslant-1)\\x^2,&(-1<x<2)\\2x,&(x\geqslant2)\end{cases}$,若 $f(x)=3$,则 x 的值是(　　).

A. 1　　　　　　　　　　　　　　B. 1 或 $\dfrac{3}{2}$

C. $1,\pm\sqrt{3},\dfrac{3}{2}$　　　　　　　　　D. $\sqrt{3}$

8. 题组训练:

(1)已知 $f(x)=-2x+3$,求 $f(-3),f(0),f(2)$;

(2)已知 $f(x)=-2x+3$,求 $f(a),f(a+1),f(a-1)$;

(3) 已知 $f(x) = -2x+3$，求 $f(x+1)$，$f(x-1)$，$f(-2x+3)$；

(4) 已知 $f(x) = -2x+3$，$g(x) = 4x-5$，求 $f[g(x)]$，$g[f(x)]$，$f[g(x+1)]$，$g[f(x-1)]$.

9. 已知 $f(x)$ 是一次函数，且 $f(f(x)) = 4x-9$，求函数 $f(x)$ 的解析式.

10. 如图 3-32 所示，有一块矩形空地 $ABCD$，已知 $AB=8$，$BC=2$. 在 AB，AD，CB，CD 上依次截取 $AE=AH=CF=CG$，得到一个平行四边形的场地. 为给场地进行绿化，点 E 在什么位置时，四边形 $EFGH$ 的面积最大？最大面积是多少？

11. 甲、乙两条小艇从 A 点和 B 点分别沿箭头方向出发（见图 3-33）. 甲每小时行驶 40 海里，乙每小时行驶 16 海里，而 A，B 间的距离是 145 海里，问何时两艇间的距离最小？

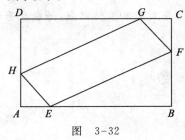

图　3-32

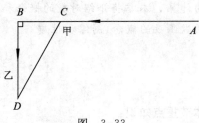

图　3-33

第4章 指数函数与对数函数

在初中我们已经学过整数指数幂的概念和运算,本章将介绍分数指数幂的概念和运算,并在此基础上讨论指数函数的概念、图像和性质.

对数是一种非常重要的计算工具,利用对数可以将许多复杂的数值计算化为简单的计算.本章将介绍对数的概念和运算、常用对数和自然对数,并在此基础上讨论对数函数的概念、图像和性质.

4.1 指 数

本节重点知识:

1. 整数指数幂.

$$a^n = a \cdot a \cdot \cdots \cdot a \quad (n \in \mathbf{N}_+)$$

$$a^0 = 1 \quad (a \neq 0)$$

$$a^{-n} = \frac{1}{a^n} \quad (a \neq 0, n \in \mathbf{N}_+)$$

2. 分数指数幂.

$$a^{\frac{m}{n}} = \sqrt[n]{a^m}$$

$$a^{-\frac{m}{n}} = \frac{1}{a^{\frac{m}{n}}} \quad (a > 0, m, n \in \mathbf{N}_+)$$

3. 有理数指数幂运算法则.

$$a^m \cdot a^n = a^{m+n}$$

$$(a^m)^n = a^{m \cdot n}$$

$$(a \cdot b)^n = a^n \cdot b^n \quad (a > 0, b > 0, m, n \in \mathbf{Q})$$

4.1.1 整数指数幂

在初中我们学习了正整数指数,我们知道

$$a^2 = a \cdot a,$$

$$a^3 = a \cdot a \cdot a,$$

……

$$a^n = \underbrace{a \cdot a \cdot \cdots \cdot a}_{n\text{个}a\text{相乘}}$$

我们把 a^n 称做 a 的 n 次幂，a 称做幂的底数，n 称做幂的指数. 例如:

$2^2 = 2 \times 2 = 4,$

$3^4 = 3 \times 3 \times 3 \times 3 = 81,$

$4^1 = 4.$

当 n 是正整数时，a 的 n 次幂 a^n 称做正整数指数幂. 正整数指数幂的运算法则有

(1) $a^m \cdot a^n = a^{m+n}$；

(2) $(a^m)^n = a^{m \cdot n}$；

(3) $(a \cdot b)^n = a^n \cdot b^n$；

(4) $\dfrac{a^m}{a^n} = a^{m-n} \quad (a \neq 0, m, n \in \mathbf{N}_+, m > n).$

练一练

计算:

(1) $x^4 \div x^3$；　　　　　(2) $(-6x^2)^2$；

(3) $(3x)^2 \cdot (-2x)^3$；　　(4) $\left(\dfrac{1}{5}x\right)^2 \cdot (5x)^2.$

想一想

我们在法则 (4) 中限制 $m > n$，如果取消这个限制，会出现什么结果?

如果取消这种限制，则可以将正整数指数幂推广到整数幂. 例如，当 $a \neq 0$ 时，

$$\frac{a^3}{a^3} = a^{3-3} = a^0, \qquad \frac{a^3}{a^5} = a^{3-5} = a^{-2}.$$

这些结果不能用正整数指数幂的定义来解释. 但我们知道，$\dfrac{a^3}{a^3} = 1, \dfrac{a^3}{a^5} = \dfrac{1}{a^2}.$

这就启示我们，如果规定: $a^0 = 1, a^{-2} = \dfrac{1}{a^2}.$ 则上述运算就合理了. 于是我们定义

$$\boxed{\begin{array}{l} a^0 = 1 \qquad (a \neq 0) \\[2mm] a^{-n} = \dfrac{1}{a^n} \qquad (a \neq 0, n \in \mathbf{N}_+) \end{array}}$$

由此看出，一个非零实数的负整数指数幂的实质是这个实数的正整数指数幂的倒数. 在上述定义下，我们把正整数指数幂推广到整数指数幂. 例如:

$2^0 = 1,$

$(\sqrt{3})^0 = 1,$

$2^{-3} = \dfrac{1}{2^3} = \dfrac{1}{8},$

$10^{-4} = \dfrac{1}{10^4} = \dfrac{1}{10\,000} = 0.000\,1,$

$(3a)^{-2} = \dfrac{1}{3^2 \cdot a^2} = \dfrac{1}{9a^2}\ (a \neq 0).$

正整数指数幂的运算法则对于整数指数幂仍然成立,并且由于有了负整数指数幂,除法就可以转化为乘法,因此法则(4)被包含在法则(1)中,从而整数指数幂的运算法则有 3 条

(1) $a^m \cdot a^n = a^{m+n}, (a \neq 0, m, n \in \mathbf{Z})$;

(2) $(a^m)^n = a^{mn}, (a \neq 0, m, n \in \mathbf{Z})$;

(3) $(ab)^m = a^m b^m, (a \neq 0, b \neq 0, m \in \mathbf{Z})$.

例 1　计算:2^0;$\left(\dfrac{3}{2}\right)^{-2}$;$0.01^{-3}$;$(3a^2)^{-3}\ (a \neq 0)$.

解　$2^0 = 1$;

$\left(\dfrac{3}{2}\right)^{-2} = \left(\dfrac{2}{3}\right)^2 = \dfrac{4}{9}$;

$0.01^{-3} = \left(\dfrac{1}{100}\right)^{-3} = 100^3 = 10^6 = 1\,000\,000$;

$(3a^2)^{-3} = 3^{-3} \cdot a^{2 \times (-3)} \dfrac{1}{27a^6}.$

练一练

计算:0.7^0,$\left(\dfrac{2}{3}\right)^{-1}$,$0.1^{-1}$,$0.2^{-1}$,$\left(\dfrac{\sqrt{2}}{2}\right)^{-1}$,$(\sqrt{3})^{-1}$,$(-6x^2)^{-2}\ (x \neq 0)$.

练　习

1. 计算:0.5^0;$\left(-\dfrac{3}{5}\right)^0$;$\left(-\dfrac{2}{a}\right)^{-2}$;$(0.01)^{-2}$.

2. 计算:$a^3 \cdot a^{-5}$;$(-3a^2)^{-2}$;$\left(\dfrac{1}{3}a^{-2}\right)^{-3}\ (a > 0)$.

4.1.2　分数指数幂

我们知道,如果一个数的平方等于 a,那么这个数称做 a 的平方根;如果一个

数的立方等于 a，那么这个数称做 a 的立方根．

一般地，如果一个数的 n 次方等于 $a(n>1,n\in\mathbf{N}_+)$，那么这个数称做 a 的 n 次方根．就是说，如果 $x^n=a$，那么 x 称做 a **的 n 次方根**，其中 $n>1,n\in\mathbf{N}_+$．

正数的偶次方根有两个，它们互为相反数．分别记为 $\sqrt[n]{a}$，$-\sqrt[n]{a}$（n 为偶数），其中正的 n 次方根 $\sqrt[n]{a}$ 称做 a 的 n 次算术根．

负数没有偶次方根．正数的奇次方根是一个正数，负数的奇次方根是一个负数，都表示为 $\sqrt[n]{a}$（n 为奇数）．0 的 n 次方根是 0．

练一练

(1)说出下列实数的 4 次方根：$16,\dfrac{16}{81},\dfrac{1}{625}$．

(2)说出下列实数的 5 次方根：$32,-32,243,-243,-\dfrac{1}{32}$．

当 $\sqrt[n]{a}$ 有意义时，$\sqrt[n]{a}$ 称做**根式**，这里 n 称做**根指数**，a 称做**被开方数**．

根据 n 次方根的意义，可得

$$(\sqrt[n]{a})^n=a \tag{1}$$

为了使幂的运算法则(2)对于 $m=\dfrac{1}{n}$ 的情形也适应，则应当有

$$(a^{\frac{1}{n}})^n=a^{\frac{1}{n}\cdot n}=a^1=a, \tag{2}$$

把(1)式与(2)式比较，很自然地应规定

$$a^{\frac{1}{n}}=\sqrt[n]{a}$$

其中，当 n 为偶数时，$a\geqslant0$；当 n 为奇数时，$a\in\mathbf{R}$．

设 m,n 都是正整数且 $n>1$，为了使法则(2)对于 $(a^{\frac{1}{n}})^m$ 的情形也适用，很自然地应规定

$$a^{\frac{m}{n}}=(a^{\frac{1}{n}})^m \tag{3}$$

其中，当 n 为偶数时，$a\geqslant0$；当 n 为奇数时，$a\in\mathbf{R}$．

可以证明：设 m,n 都是正整数且 $n>1$，则 $a^{\frac{m}{n}}=\sqrt[n]{a^m}$（请读者自行完成）．从而由(3)式可得

$$a^{\frac{m}{n}}=\sqrt[n]{a^m}$$

与负整数指数幂类似，负分数指数幂自然应规定为相应的正分数指数幂的倒数，即设 $a\neq0$，m,n 都是正整数且 $n>1$，当 $a^{\frac{m}{n}}$ 有意义时，我们规定

$$a^{-\frac{m}{n}}=\frac{1}{a^{\frac{m}{n}}}$$

　　至此,我们已把整数指数幂的概念推广到有理数指数幂. 整数指数幂的运算法则对于有理数指数幂仍然成立.

　　例2　计算:$(\sqrt[3]{-9})^3,8^{\frac{1}{3}},\left(6\frac{1}{4}\right)^{\frac{3}{2}},(0.001)^{-\frac{1}{3}},54^{\frac{2}{3}}$.

　　解　$(\sqrt[3]{-9})^3=-9$;

$8^{\frac{1}{3}}=(2^3)^{\frac{1}{3}}=2^{3\times\frac{1}{3}}=2$;

$\left(6\frac{1}{4}\right)^{\frac{3}{2}}=\left(\frac{25}{4}\right)^{\frac{3}{2}}=\left[\left(\frac{5}{2}\right)^2\right]^{\frac{3}{2}}=\left(\frac{5}{2}\right)^{2\times\frac{3}{2}}=\left(\frac{5}{2}\right)^3=\frac{125}{8}$;

$(0.001)^{-\frac{1}{3}}=\left(\frac{1}{1\,000}\right)^{-\frac{1}{3}}=1\,000^{\frac{1}{3}}=(10^3)^{\frac{1}{3}}=10$;

$54^{\frac{2}{3}}=(2\times27)^{\frac{2}{3}}=(2\times3^3)^{\frac{2}{3}}=2^{\frac{2}{3}}\times3^{3\times\frac{2}{3}}=2^{\frac{2}{3}}\times3^2=9\sqrt[3]{2^2}=9\sqrt[3]{4}$.

练一练

　　计算:$(\sqrt[4]{5})^4$;$(-125)^{\frac{1}{3}}$;$\left(\frac{9}{4}\right)^{\frac{3}{2}}$;$(0.000\,1)^{\frac{1}{4}}$.

　　例3　计算:$2\sqrt{2}\cdot\sqrt[4]{32}\cdot\sqrt[4]{2}$

　　解　原式$=2\cdot2^{\frac{1}{2}}\cdot(2^5)^{\frac{1}{4}}\cdot2^{\frac{1}{4}}$

$=2\times2^{\frac{1}{2}}\times2^{\frac{5}{4}}\times2^{\frac{1}{4}}$

$=2^{1+\frac{1}{2}+\frac{5}{4}+\frac{1}{4}}$

$=2^3=8$.

　　从这个例题可以看出,进行根式运算时,一般可以把它化成幂的运算.

练一练

　　计算:$\sqrt{2}\cdot\sqrt[4]{8}\cdot\sqrt[8]{64}$.

　　当$a>0$时,还可以把有理数指数幂推广到无理数指数幂,有理数指数幂的运算法则对于实数指数幂仍然成立,即

$$a^\alpha\cdot a^\beta=a^{\alpha+\beta};(a^\alpha)^\beta=a^{\alpha\cdot\beta};(a\cdot b)^\alpha=a^\alpha\cdot b^\alpha(\alpha,\beta\text{为任意实数}).$$

练　　习

1. 说出下列实数的 4 次方根:$4,81,\frac{1}{16}$.

2. 说出下列实数的 3 次方根:$27,-27,125,-\frac{1}{125}$.

3. 用分数指数幂表示下列各式：$\sqrt[5]{a^3}$，$\dfrac{1}{\sqrt[3]{a^2}}$，$\sqrt{(a-b)^3}$　（$a>0$,，$a\geqslant b$）.

4. 计算：$27^{\frac{2}{3}}$，$\left(\dfrac{25}{81}\right)^{\frac{1}{4}}$，$(0.001)^{-\frac{4}{3}}$，$\left(5\dfrac{1}{16}\right)^{\frac{3}{4}}$，$\sqrt[3]{3}\cdot\sqrt[4]{3}\cdot\sqrt[4]{27}$.

习　题　4.1

1. 计算：

$(-1)^0$；$\left(-\dfrac{2}{5}\right)^{-2}$；$10^{-5}$；$\left(\dfrac{1}{2}\right)^{-5}$；$0.01^{-2}$.

2. 设 $a\neq 0$,计算：

$a^5\cdot a^{-2}$；$(-2a^2)^{-3}$；$\left(\dfrac{1}{2}a^{-3}\right)^3$.

3. 求下列各式的值：

$(\sqrt[5]{7})^5$；$\sqrt[5]{7^5}$；$(\sqrt[3]{-7})^3$；$\sqrt[3]{(-7)^3}$；$(\sqrt[4]{11})^4$；$\sqrt[4]{11^4}$.

4. 用分数指数幂表示下列各式（其中字母都是正数）：

$\sqrt[3]{x^2}$；$\dfrac{1}{\sqrt[3]{a}}$；$\sqrt[4]{(a+b)^3}$；$\sqrt[3]{m^2+n^2}$；$\dfrac{\sqrt{x}}{\sqrt[3]{y^2}}$.

5. 计算：

(1)$25^{\frac{1}{2}}$；　　　　(2)$\left(\dfrac{81}{25}\right)^{\frac{1}{2}}$；　　　　(3)$27^{\frac{2}{3}}$；　　　　(4)$10\,000^{\frac{1}{4}}$；

(5)$4^{-\frac{1}{2}}$；　　　　(6)$\left(\dfrac{25}{4}\right)^{\frac{3}{2}}$；　　　　(7)$\sqrt{3}\cdot\sqrt[3]{9}\cdot\sqrt[4]{27}$.

6. 计算（其中字母都是正数）：

(1)$a^{\frac{1}{4}}\cdot a^{\frac{1}{3}}\cdot a^{\frac{5}{8}}$；　　　　　　　　(2)$a^{\frac{1}{3}}\cdot a^{\frac{5}{6}}\div a^{-\frac{1}{2}}$；

(3)$(x^{\frac{1}{2}}y^{-\frac{1}{3}})^6$；　　　　　　　　(4)$4a^{\frac{2}{3}}b^{-1}_{\frac{3}{3}}\div\left(-\dfrac{2}{3}a^{-\frac{1}{3}}b^{-\frac{1}{3}}\right)$；

(5)$\dfrac{a^2}{\sqrt{a^3}\sqrt{a^2}}$.

4.2　指　数　函　数

本节重点知识：

1. 定义：$y=a^x$（$a>0$ 且 $a\neq 1$），$x\in\mathbf{R}$.

2. 图像：在 x 轴上方,且过点 $(0,1)$ 的一条曲线.

3. 单调性:$a>1$ 时,单调递增;$0<a<1$ 时,单调递减.

4.2.1　指数函数的定义、图像和性质

1. 指数函数的定义

在社会实践和科研活动中,我们会接触到下面一些问题,例如:

一种机床原本成本 1 万元,在今后几年内计划成本平均每年降低 6%,那么 x 年后的成本是

$$y=0.94^x(万元).$$

又如,细胞分裂时,由 1 个分裂成 2 个,2 个分裂成 4 个,…,1 个细胞分裂 x 次后,它的个数是

$$y=2^x,$$

从上面的两个例子所得出的函数解析式,它们共同特点是:函数解析式都是幂的形式,幂指数是自变量,底数是大于零且不等于 1 的常数,通常称其为**指数函数**.

一般地,形如 $y=a^x(a>0$ 且 $a\neq1)$ 的函数,称做指数函数. 其中 x 是自变量,a 是不等于 1 的正常数. 由于我们已经将指数幂推广到实数指数幂,因此指数函数的定义域是 **R**,即 $(-\infty,+\infty)$.

函数 $y=2^x$,$y=\left(\dfrac{1}{2}\right)^x$,$y=10^x$,$y=e^x$ 等都是指数函数,它们的定义域都是 $(-\infty,+\infty)$.

练一练

在函数 $y=2^x$,$y=x$,$y=x^2$,$y=\left(\dfrac{1}{2}\right)^x$,$y=10^x$,$y=e^x$,$y=x^{-1}$ 中,哪些是指数函数?

2. 指数函数的图像和性质

作出下列函数的图像:

(1)$y=2^x$;　　　(2)$y=\left(\dfrac{1}{2}\right)^x$;　　　(3)$y=10^x$;　　　(4)$y=\left(\dfrac{1}{10}\right)^x$.

先确定函数的定义域,再列出 x,y 的对应值表(见表 4-1~表 4-4).

$y=2^x$,定义域:**R**.

表　4-1

x	…	-3	-2	-1	0	1	2	3	…
y	…	$\dfrac{1}{8}$	$\dfrac{1}{4}$	$\dfrac{1}{2}$	1	2	4	8	…

$y=\left(\dfrac{1}{2}\right)^x$,定义域:**R**.

表　4-2

x	…	-3	-2	-1	0	1	2	3	…
y	…	8	4	2	1	$\dfrac{1}{2}$	$\dfrac{1}{4}$	$\dfrac{1}{8}$	…

$y=10^x$,定义域:**R**.

表　4-3

x	…	-1	$-\dfrac{1}{2}$	$-\dfrac{1}{4}$	0	$\dfrac{1}{4}$	$\dfrac{1}{2}$	1	…
y	…	0.1	0.32	0.56	1	1.8	3.2	10	…

$y=\left(\dfrac{1}{10}\right)^x$,定义域:**R**.

表　4-4

x	…	-1	$-\dfrac{3}{4}$	$-\dfrac{1}{2}$	$-\dfrac{1}{4}$	0	$\dfrac{1}{2}$	1	…
y	…	10	5.6	3.2	1.8	1	0.32	0.1	…

然后作出这些函数的图像,如图 4-1 所示.

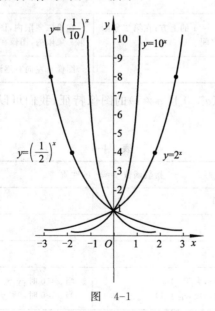

图　4-1

一般地,指数函数 $y=a^x$ 在底数 $a>1$ 及 $0<a<1$ 这两种情况下的图像形状及位置如表 4-5 所示.

表 4-5

指数函数 $y=a^x$ 的图像特征

$a>1$	$0<a<1$
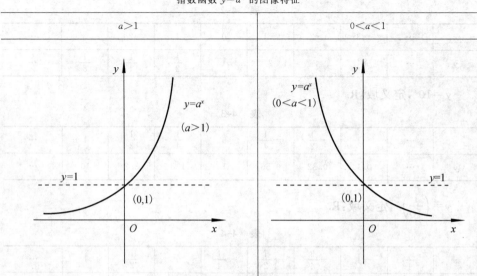	
图像都在 x 轴上方	
图像都经过 $(0,1)$ 点	
在第一象限内,图像在直线 $y=1$ 的上方;在第二象限内,图像在直线 $y=1$ 与 x 轴之间	在第二象限内,图像在直线 $y=1$ 的上方;在第一象限内,图像在直线 $y=1$ 与 x 轴之间
图像自左向右逐渐上升	图像自左向右逐渐下降

由指数函数 $y=a^x(a>0$ 且 $a\neq1)$ 的图像特征,我们可以得到指数函数的性质(见表 4-6).

表 4-6

指数函数 $y=a^x$ 的性质

$a>1$	$0<a<1$
$y>0$	
当 $x=0$ 时,$y=1$	
当 $x>0$ 时,$y>1$;(底大指正,大于 1) 当 $x<0$ 时,$0<y<1$;(底大指负,小于 1)	当 $x<0$ 时,$y>1$;(底小指负,大于 1) 当 $x>0$ 时,$0<y<1$;(底小指正,小于 1)
在 $(-\infty,+\infty)$ 内是增函数	在 $(-\infty,+\infty)$ 内是减函数

练一练

(1)根据指数函数的性质,利用比较符号填空:

① $\left(\dfrac{4}{5}\right)^3$ ＿＿＿＿＿0;5^{-1} ＿＿＿＿＿0;7^0 ＿＿＿＿＿0;$\left(\dfrac{3}{100}\right)^{-3}$ ＿＿＿＿＿0;

② $\left(\dfrac{2}{3}\right)^2$ ＿＿＿＿＿1;$\left(\dfrac{7}{9}\right)^{-4}$ ＿＿＿＿＿1;6^{-3} ＿＿＿＿＿1;$10^{-\frac{1}{2}}$ ＿＿＿＿＿1.

(2)① 已知 $a^{\frac{1}{3}}>1$,则 a 的取值范围是＿＿＿＿＿;

② 已知 $0<b^3<1$,则 b 的取值范围是＿＿＿＿＿;

③ 已知 $c^{-3}>1$,则 c 的取值范围是＿＿＿＿＿;

④ 已知 $0<d^{-2}<1$,则 d 的取值范围是＿＿＿＿＿.

例 1　判定下列各式实数 x 的正、负:

(1)$2^x=1.5$;　　　　(2)$2^x=0.4$;　　　　(3)$0.25^x=5$;　　　　(4)$0.25^x=0.3$.

分析　可以根据指数函数的底数大小和函数的增减性来判断.

解　(1)因为指数函数 $y=2^x$ 的底数 $2>1$,所以它是增函数;又因为 $2^x=1.5>1$,所以 $x>0$.

(2)同理,因为 $2^x=0.4<1$,所以 $x<0$.

(3)因为指数函数 $y=0.25^x$ 的底数满足 $0<0.25<1$,所以它是减函数;又因为 $0.25^x=5>1$,所以 $x<0$.

(4)同理,因为 $0.25^x=0.3<1$,所以 $x>0$.

例 2　比较下列每组数的大小:

(1)$5^{\frac{1}{2}}$,$5^{\frac{1}{3}}$;　　　(2)$0.5^{-\frac{1}{2}}$,$0.5^{-\frac{1}{3}}$;　　　(3)$10^{\frac{2}{3}}$,1;　　　(4)$10^{-\frac{2}{3}}$,1.

分析　题中每个数都可以看做是指数函数 $y=a^x$ 对于 x 的每个实数值所对应的函数值,而且它们的底数相同,所以可以利用指数函数的增减性来比较它们的大小.

解　(1)指数函数 $y=5^x$ 的底数 $5>1$,它是增函数;因为 $\dfrac{1}{2}>\dfrac{1}{3}$,所以 $5^{\frac{1}{2}}>5^{\frac{1}{3}}$.

(2)指数函数 $y=0.5^x$ 的底数满足 $0<0.5<1$,它是减函数;因为 $-\dfrac{1}{2}<-\dfrac{1}{3}$,所以 $0.5^{-\frac{1}{2}}>0.5^{-\frac{1}{3}}$.

(3)指数函数 $y=10^x$ 的底数 $10>1$,它是增函数;因为 $\dfrac{2}{3}>0$,$10^0=1$,所以 $10^{\frac{2}{3}}>1$.

(4)同理因为 $-\dfrac{2}{3}<0$,所以 $10^{-\frac{2}{3}}<1$.

例 3　解不等式：

(1)$2^{x^2}<2^x$；　　　　　　　　(2)$0.2^{2x}<0.2^{x+2}$.

解　(1)因为指数函数 $y=2^x$ 是增函数，所以由 $2^{x^2}<2^x$ 可得 $x^2<x$，即 $x(x-1)<0$，解得 $0<x<1$.

所以不等式的解集是 $\{x|0<x<1\}$.

(2)因为指数函数 $y=0.2^x$ 是减函数，所以由 $0.2^{2x}<0.2^{x+2}$ 可得 $2x>x+2$，解得 $x>2$.

所以不等式的解集是 $\{x|x>2\}$.

练一练

比较下列每组数的大小：

(1)2.1^3，2.1^4；　　　　(2)0.3^3，0.3^4；

(3)8^{-3}，8^{-4}；　　　　(4)$0.3^{\frac{1}{4}}$，$0.3^{\frac{1}{3}}$；

(5)$\left(\dfrac{1}{\pi}\right)^{-4}$，$\left(\dfrac{1}{\pi}\right)^{-5}$.

例 4　根据下列条件判定 a 的取值范围：

(1)$a^3>a^{3.1}$；　　　　　　　　(2)$a^{-\frac{3}{4}}>a^{-\frac{4}{3}}$.

分析　由已知条件先确定 $y=a^x$ 的增减性，再确定底数 $a>1$，还是 $0<a<1$.

解　(1)因为 $a^3>a^{3.1}$，又 $3<3.1$，所以 $y=a^x$ 是减函数，所以 $0<a<1$.

(2)因为 $a^{-\frac{3}{4}}>a^{-\frac{4}{3}}$，又 $-\dfrac{3}{4}>-\dfrac{4}{3}$，所以 $y=a^x$ 是增函数，所以 $a>1$.

练　习

1. 下列各数中哪些大于 1？哪些小于 1？

(1)$1.3^{\frac{2}{3}}$；　　(2)$1.3^{-\frac{4}{5}}$；　　(3)$\left(\dfrac{2}{3}\right)^{-\frac{3}{2}}$；　　(4)$\left(\dfrac{3}{2}\right)^{-\frac{3}{2}}$.

2. 下列函数中哪些是增函数？哪些是减函数？

(1)$y=2.5^x$；　　(2)$y=2.5^{-x}$；　　(3)$y=\left(\dfrac{3}{5}\right)^x$；　　(4)$y=\left(\dfrac{5}{3}\right)^x$.

3. 判断下列各式中 x 的正负：

(1)$10^x=5$；　　(2)$10^x=\dfrac{1}{5}$；　　(3)$1.1^x=0.5$；　　(4)$0.9^x=0.3$.

4. 比较下列每两个数的大小：

(1)$7^{0.7}$，$7^{0.5}$；　　　　　　　　(2)$0.1^{-0.1}$，$0.1^{0.1}$；

(3)$2.02^{2.2}$,$2.02^{2.5}$;   (4)0.55^{5},0.55^{-5}.

5. 解不等式:

(1)$2^{2x}>\dfrac{1}{32}$;   (2)$\left(\dfrac{1}{3}\right)^{2x-1}>\dfrac{1}{243}$.

6. 题组训练:

(1)在同一坐标系中作出 $y=2^{x}$,$y=3^{x}$,$y=4^{x}$ 的图像;

(2)在同一坐标系中作出 $y=\left(\dfrac{1}{2}\right)^{x}$,$y=\left(\dfrac{1}{3}\right)^{x}$,$y=\left(\dfrac{1}{4}\right)^{x}$ 的图像;

(3)观察作出的图像,能得到哪些认识?

4.2.2 指数函数的应用

指数函数在许多实际问题中有重要应用,下面举一些例子来说明.

例5 一种放射性物质不断变化为其他物质,每经过一年剩留的质量约是原来的 84%,. 画出这种物质的剩留量随时间变化的图像,并从图像上求出约经过多少年后,剩留量是原来的一半.(结果保留一位有效数字)

解 设最初的质量为 1,经过 x 年,剩留量为 y,则经过一年,$y=1\times84\%=0.84^{1}$;经过 2 年,$y=1\times84\%\times84\%=1\times0.84\times0.84=0.84^{2}$. 一般地,经过 x 年,$y=0.84^{x}$. 据此,函数关系可列表 4-7.

表 4-7

x	0	1	2	3	4	5	6
y	1	0.84	0.71	0.59	0.50	0.42	0.35

用描点法画出函数 $y=0.84^{x}$ 的图像(见图 4-2).

当 $x=4$ 时,$y\approx0.5$.

答:约经过 4 年,剩留量是原来的一半.

例6 按复利计算利率的一种储蓄,本金为 a 元,每期利率为 r,设本利和为 y,存期为 x,写出本利和 y 随存期 x 变化的函数解析式. 如果存入本金 1 000 元,每期利率 8%,试计算 5 期后的本利和是多少.

分析 在银行业务中,有两种计息方法,即单利和复利. 单利计

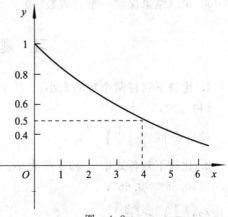

图 4-2

息是指在储蓄过程中,只有本金生息,前一期利息在下一期中不生息;而复利计息,

则指本利生息,即把前一期的利息和本金加在一起算作本金,再计算下一期利息.

解 已知本金为 a 元.

1 期后的本利和为　$y_1 = a + a \times r = a(1+r)$;

2 期后的本利和为　$y_2 = a(1+r) + a(1+r)r = a(1+r)^2$;

3 期后的本利和为　$y_3 = a(1+r)^3$;

……

x 期后的本利和为　$y = a(1+r)^x$.

将 $a = 1\,000$(元), $r = 8\%$, $x = 5$ 代入上式得　$y = 1000 \times (1+0.08)^5 = 1\,000 \times 1.08^5$.

利用计算器算得　$y = 1\,469.32$(元).

答:复利函数式为 $y = a(1+r)^x$,5 期后的本利和为 $1\,469.32$ 元.

说明 在实际问题中,常常会遇到有关平均增长率的问题,如果原来产值的基础数为 N,平均增长率为 p,则对于时间 x 的总产值来或总产量 y,可以用下面的公式

$$y = N(1+p)^x$$

表示.解决平均增长率的问题要用到这个函数式.

练 习

1. 一种产品的年产量原来是 a 件,在今后的 m 年内,计划使年产量平均每年比上一年增加 $p\%$. 写出年产量随年数变化的函数解析式.

2. 一片树林中现有木材 $30\,000\text{m}^3$,如果每年增长 5%,经过 x 年,树林中有木材 $y\text{m}^3$,写出 x, y 之间的函数关系式. 试计算经过多少年,木材可以增长到 $40\,000\text{ m}^3$.(结果保留一个有效数字)

习 题 4.2

1. 比较下列每两个数的大小:

(1) $5^{-0.4}, 5^{-0.3}$;

(2) $0.5^{-4}, 0.5^{-5}$;

(3) $\left(\dfrac{1}{3}\right)^{-1.2} ; \left(\dfrac{1}{3}\right)^{-1.1}$;

(4) $\left(\dfrac{1}{3}\right)^{3.3}, \left(\dfrac{1}{3}\right)^{-3.3}$.

2. 比较下列各式中 m 和 n 的大小:

(1) $0.66^m > 0.66^n$;

(2) $6.6^m > 6.6^n$;

(3) $\left(\dfrac{3}{\pi}\right)^m < \left(\dfrac{3}{\pi}\right)^n$;

(4) $\left(\dfrac{\sqrt{5}}{2}\right)^m < \left(\dfrac{\sqrt{5}}{2}\right)^n$.

3. 判断下列各式中 a 的取值范围.

(1)$a^{\sqrt{5}} < a^{\pi}$；　　　　　　　　　　(2)$a^{-\frac{3}{4}} < a^{-\frac{5}{4}}$；

(3)$a^{\frac{3}{5}} > a$；　　　　　　　　　　　(4)$a^{-3} > 1$.

4. 把下列三个数按从小到大的顺序用不等号连接起来：

$$\left(\frac{3}{5}\right)^{\frac{1}{2}}；\left(\frac{3}{5}\right)^{-\frac{1}{3}}；\left(\frac{3}{5}\right)^{0}.$$

5. 某城市现有人口 200 万，如果按人口的年自然增长率 1.6% 计算，10 年后这个城市的人口预计有多少万？（结果保留到小数点后面两位）

6. 题组训练：

(1)老王有 1 000 元人民币，按 1 年期整存整取的方式存入银行．1 年期的年利率是 2.25%，利息的税率为 20%，如果每过 1 年连本带息转存，那么 6 年后连本带息有多少元？

(2)老张有 1 000 元人民币，按 2 年期整存整取的方式存入银行．2 年期的年利率是 2.43%，利息的税率为 20%，如果每过 2 年连本带息转存，那么 6 年后连本带息有多少元？ 与第(1)题比较，老张和老王谁得到的利息较多？

4.3　对　　数

本节重点知识：

1. 对数的定义．

$$a^b = N \Rightarrow \log_a N = b (a > 0 \text{ 且 } a \neq 1)$$

2. 积、商、幂的对数．

$$\log_a (MN) = \log_a M + \log_a N (a > 0 \text{ 且 } a \neq 1, M > 0, N > 0)$$

$$\log_a \frac{M}{N} = \log_a M - \log_a N (a > 0 \text{ 且 } a \neq 1, M > 0, N > 0)$$

$$\log_a M^q = q \log_a M (a > 0 \text{ 且 } a \neq 1, M > 0)$$

4.3.1　对数的概念

我们先看下面例子：

一个工厂，如果按照每年平均劳动生产增长率 6% 计算，那么大约要经过多少年它的生产值可以翻两番（即增长到原来产值的 $2^2 = 4$ 倍）？这就需要求出 $(1 + 6\%)^x = 4$ 中的 x 的值．

又如细胞分裂问题，要求细胞经过多少次分裂，大约可以达到原来的 10 倍，也就是要求出 $2^x = 10$ 中的 x 值．

解决这类问题，就是要在已知底数、幂的情况下，求出指数．这种方法同我们以前学过的已知底数、指数,求幂的方法刚好相反. 因此,需要我们学习一种新的计算方法——对数.

我们知道

$2^3 = 8$,3 称做以 2 为底与 8 对应的指数;

$25^{\frac{1}{2}} = 5$,$\frac{1}{2}$ 称做以 25 为底与 5 对应的指数;

$10^{-1} = 0.1$,-1 称做以 10 为底与 0.1 对应的指数.

一般地,$a^b = N(a > 0$ 且 $a \neq 1)$,就是 a 的 b 次幂等于 N,b 称做以 a 为底与 N 对应的指数. 我们把这个对应的指数简称为对数,记做 $b = \log_a N$,读做 b 是以 a 为底的 N 的**对数**. 其中 a 称做底数(简称**底**),N 称做**真数**.

在上面的例子中,与幂对应的指数 3,$\frac{1}{2}$,-1 就可以分别记做

$\log_2 8 = 3$

$\log_{25} 5 = \frac{1}{2}$

$\log_{10} 0.1 = -1.$

我们把 $a^b = N$ 称做指数式,$\log_a N = b$ 称做对数式.

$$\log_a N = b$$

下面我们将指数式 $a^b = N$ 中的底数、指数、幂与对数式 $\log_a N = b$ 中的底数、对数、真数的关系,进行对照比较:

在实数集内,正数的任何次幂都是正数. 在 $a^b = N$ 中,因为 a 是不等于 1 的正数,即 $a > 0$ 且 $a \neq 1$,所以,对任何一个实数 b,N 总是正数,即 $N > 0$. 如果 $N = 0$ 或 $N < 0$,就不存在与 N 对应的指数 b. 因此,在实数集内,零与负数没有对数. 但对数可以是任何实数(正数、负数、零).

为了方便,如果没有特殊说明,我们都认为底数是不等于 1 的正数(即 $a > 0$ 且 $a \neq 1$),真数都是正数.

例 1 把下列指数式写成对数式:

(1)$2^6 = 64$;   (2)$4^{\frac{1}{2}} = 2$;   (3)$3^{-2} = \frac{1}{9}$;   (4)$25^{\frac{3}{2}} = 125$.

解 (1)$\log_2 64 = 6$;   (2)$\log_4 2 = \frac{1}{2}$;

(3)$\log_3 \dfrac{1}{9} = -2$;　　　　　　　　(4)$\log_{25} 125 = \dfrac{3}{2}$.

例 2　把下列对数式写成指数式:

(1)$\log_{16} 8 = \dfrac{3}{4}$;　　　　　　　　(2)$\log_{10} 0.01 = -2$;

(3)$\log_{10} 1\,000 = 3$;　　　　　　　　(4)$\log_4 \dfrac{1}{8} = -\dfrac{3}{2}$.

解　(1)$16^{\frac{3}{4}} = 8$;　(2)$10^{-2} = 0.01$;　(3)$10^3 = 1\,000$;　(4)$4^{-\frac{3}{2}} = \dfrac{1}{8}$.

例 3　求下列各式中真数 N 的值:

(1)$\log_{10} N = -3$;　　　　　　(2)$\log_8 N = \dfrac{2}{3}$.

解　(1)$N = 10^{-3} = 0.001$;　　(2)$N = 8^{\frac{2}{3}} = 4$.

例 4　求下列对数的值:

(1)$\log_9 27 = x$;　　　　　　　　(2)$\log_{\frac{1}{2}} 4 = x$.

解　(1)因为 $9^x = 27$,即 $(3^2)^x = 27$,所以 $3^{2x} = 3^3$. 所以 $2x = 3$,得 $x = \dfrac{3}{2}$.

(2)因为 $\left(\dfrac{1}{2}\right)^x = 4$,即 $2^{-x} = 2^2$,所以 $x = -2$.

例 5　求下列各式的值:

(1)$\log_7 7$;　　　　　(2)$\log_7 1$.

解　(1)设 $\log_7 7 = x$,那么 $7^x = 7$. 所以 $x = 1$,因此 $\log_7 7 = 1$.

(2)设 $\log_7 1 = x$,那么 $7^x = 1$. 因为 $7^0 = 1$,所以 $7^x = 7^0$,得 $x = 0$,因此 $\log_7 1 = 0$.

对数的两个重要性质:一般地,设 a 是不等于 1 的正数,那么

$$\boxed{\log_a a = 1;\ \log_a 1 = 0}$$

即:与底数相等的数的对数等于 1;1 的对数恒等于零.

根据对数的定义,把 $\log_a N = b$ 代入 $a^b = N$,可得对数恒等式(一):

$$\boxed{a^{\log_a N} = N}$$

把 $N = a^b$ 代入 $\log_a N = b$,可得对数恒等式(二):

$$\boxed{\log_a a^b = b}$$

例 6　计算下列各式的值:

(1)$2^{\log_2 5}$;　　　　(2)$2^{1+\log_2 5}$;　　　　(3)$2^{2-\log_2 5}$;　　　　(4)$2^{3\log_2 5}$.

解　(1)由上面恒等式(一)可得:$2^{\log_2 5} = 5$;

(2)$2^{1+\log_2 5}=2 \cdot 2^{\log_2 5}=2\times 5=10$;

(3)$2^{2-\log_2 5}=\dfrac{2^2}{2^{\log_2 5}}=\dfrac{4}{5}$;

(4)$2^{3\log_2 5}=(2^{\log_2 5})^3=5^3=125$.

例 7　计算下列各对数的值:

(1)$\log_{10} 10\ 000$;　　　(2)$\log_{10} 0.000\ 01$;

(3)$\log_2 2\sqrt{2}$;　　　　(4)$\log_9 27$.

解　(1)由恒等式(二)可得:$\log_{10} 10\ 000=\log_{10} 10^4=4$

(2)$\log_{10} 0.000\ 01=\log_{10} 10^{-5}=-5$;

(3)$\log_2 2\sqrt{2}=\log_2 2^{\frac{3}{2}}=\dfrac{3}{2}$;

(4)$\log_9 27=\log_9 9^{\frac{3}{2}}=\dfrac{3}{2}$.

练　　习

1. 把下列指数式写成对数式:

(1)$3^4=81$;　　　(2)$10^{-3}=0.001$;　　　(3)$7^{-2}=\dfrac{1}{49}$;

(4)$10^0=1$;　　　(5)$8^{\frac{2}{3}}=4$;　　　(6)$27^{-\frac{2}{3}}=\dfrac{1}{9}$.

2. 把下列对数式写成指数式:

(1)$\log_2 128=7$;　　　(2)$\log_2 \dfrac{1}{4}=-2$;　　　(3)$\log_8 2=\dfrac{1}{3}$;

(4)$\log_5 5=1$;　　　(5)$\log_{\frac{1}{2}} 4=-2$;　　　(6)$\log_{\frac{1}{8}} 2=-\dfrac{1}{3}$.

3. 求下列各式中真数 x 的值:

(1)$\log_2 x=5$;　　　(2)$\log_{\frac{1}{2}} x=-3$;　　　(3)$\log_{10} x=-2$;

(4)$\log_9 x=3$;　　　(5)$\log_{32} x=\dfrac{4}{5}$;　　　(6)$\log_{36} x=-\dfrac{3}{2}$.

4. 求下列各对数的值:

(1)$\log_{3.3} 3.3$;　　　(2)$\log_{0.4} 1$;　　　(3)$\log_a a^{-3}$;

(4)$\log_a \dfrac{1}{a}$;　　　(5)$\log_{\frac{1}{a}} a$;　　　(6)$\log_{81} \dfrac{1}{9}$;

(7)$\log_{\sqrt{5}} 5$;　　　(8)$\log_5 \sqrt{5}$;

5. 求下列各式的值：

(1) $3^{\log_3 9}$；　　　　　　(2) $5^{1+\log_5 8}$；　　　　　　(3) $2^{2-\log_2 7}$.

4.3.2　对数的运算法则

由指数的定义和幂的运算法则可知，如果 $a>0$，那么

$a^p \cdot a^q = a^{p+q}$；$a^p \div a^q = a^{p-q}$；$(a^p)^q = a^{pq}$；$\sqrt[q]{a^p} = a^{\frac{p}{q}}$.

根据对数的定义和幂的运算法则，我们可以得出对数的运算法则．

(1) 两个正数的积的对数，等于这两个数的对数的和．即

$$\log_a(MN) = \log_a M + \log_a N,\ a>0 \ \text{且} \ a\neq 1,M>0,N>0$$

设 $\log_a M = p$，$\log_a N = q$.

根据对数的定义，有 $M=a^p$，$N=q^q$；

因为 $MN = a^p \cdot a^q = a^{p+q}$，所以 $\log_a MN = p+q = \log_a M + \log_a N$.

这个法则可以推广到多于两个正数的积的对数．例如：

$$\log_a LMN = \log_a L + \log_a M + \log_a N.$$

(2) 两个正数的商的对数，等于被除数的对数减去除数的对数．即：

$$\log_a \frac{M}{N} = \log_a M - \log_a N,\ a>0 \ \text{且} \ a\neq 1,M>0,N>0$$

试一试：请读者自行推导这个法则．

(3) 一个正数的幂的对数，等于幂指数乘以这个数的对数．即：

$$\log_a M^q = q\log_a M,\ a>0 \ \text{且} \ a\neq 1,M>0$$

设 $\log_a M = p$，那么 $M=a^p$.

因为　$M^q = (a^p)^q = a^{pq}$，所以　$\log_a M^q = pq = q\log_a M.$

从积、商、幂的对数性质看出，对数具有把运算"降级"的功能：即把真数的乘法转化成对数的加法；真数的除法转化成对数的减法；真数的乘方转化成对数与幂的乘法．

但是要注意，真数的加法和减法不能转化成对数的运算．

例 8　用 $\log_a x$，$\log_a y$，$\log_a z$ 表示下列各式：

(1) $\log_a \dfrac{x^3 y^2}{\sqrt{z}}$；　　　　　　(2) $\log_a \dfrac{\sqrt{y}}{x^2 \sqrt[3]{z}}$.

解　(1) $\log_a \dfrac{x^3 y^2}{\sqrt{z}} = \log_a (x^3 y^2) - \log_a \sqrt{z}$

$$= \log_a x^3 + \log_a y^2 - \log_a z^{\frac{1}{2}}$$

$$= 3\log_a x + 2\log_a y - \frac{1}{2}\log_a z;$$

$(2) \log_a \dfrac{\sqrt{y}}{x^2 \sqrt[3]{z}} = \log_a \sqrt{y} - \log_a x^2 \sqrt[3]{z}$

$$= \log_a y^{\frac{1}{2}} - (\log_a x^2 + \log_a z^{\frac{1}{3}})$$

$$= \frac{1}{2} \log_a y - 2\log_a x - \frac{1}{3} \log_a z.$$

以 10 为底,正数 N 的对数 $\log_{10} N$ 称做**常用对数**,简记为 $\lg N$.

如:$\log_{10} 2$ 记做 $\lg 2$,$\log_{10} 0.01$ 记做 $\lg 0.01$.

在高等数学和科学研究中常要用到以无理数 $e = 2.71828\cdots$ 为底的对数. 这种形式的对数叫自然对数.

以 e 为底,正数 N 的对数称做**自然对数**,简记为 $\ln N$.

由对数的性质可以得出:

$\lg 1 = 0$;$\lg 10 = 1$;$\lg 10^b = b$;$10^{\lg a} = a$;

$\ln 1 = 0$;$\ln e = 1$;$\ln e^b = b$;$e^{\ln a} = a$.

对于常用对数,我们知道

……

$\lg 1\,000 = \lg 10^3 = 3$;

$\lg 100 = \lg 10^2 = 2$;

$\lg 10 = \lg 10^1 = 1$;

$\lg 1 = \lg 10^0 = 0$;

$\lg 0.1 = \lg 10^{-1} = -1$;

$\lg 0.01 = \lg 10^{-2} = -2$;

$\lg 0.001 = \lg 10^{-3} = -3$;

……

因此,10 的整数次幂的常用对数是一个整数. 即 $\lg 10^n = n$　(n 是整数).

求任何一个正数的常用对数,我们可以直接用计算器求解.

例 9　计算下列各式的值(精确到 0.000 1):

$(1) \lg(27 \times 9^2)$;　　　　　　　　$(2) \lg \sqrt[3]{49}$.

解　(1) 设定计算结果精确到 0.000 1,依次按键:$\boxed{\text{MODE}}$ $\boxed{\text{MODE}}$ $\boxed{\text{MODE}}$ 14,计算器显示

FIX
0.000 0

然后依次按键:$\boxed{\log}$ $\boxed{(}$ 27 $\boxed{\times}$ 9 $\boxed{x^2}$ $\boxed{)}$ $\boxed{=}$,计算器显示

FIX
3.339 8

亦可按下列程序依次按键：27 ⊠ 9 x^2 ＝ log ＝，计算器显示的数据相同，即

$$\boxed{\begin{array}{c} \text{FIX} \\ 3.339\ 8 \end{array}}$$

(2)依次按键：log 〔 3 SHIFT ∧ 49 〕 ＝，计算器显示

$$\boxed{\begin{array}{c} \text{FIX} \\ 0.563\ 4 \end{array}}$$

亦可按下列程序依次按键：3 SHIFT ∧ 49 ＝ log ＝，计算器显示的数据相同，即

$$\boxed{\begin{array}{c} \text{FIX} \\ 0.563\ 4 \end{array}}$$

*对数的换底公式

一般地，一个正数 N 的以 a 为底的对数 $\log_a N$ 可换为以 b 为底的对数(a,b 均为不等于 1 的正数).

设 $x=\log_a N$，写成指数式得 $a^x=N$. 两边取以 b 为底的对数，得

$$\log_b a^x=\log_b N, x\log_b a=\log_b N, x=\frac{\log_b N}{\log_b a}.$$

即得对数换底公式：

$$\boxed{\log_a N=\frac{\log_b N}{\log_b a}, a,b>0 \text{ 且 } a,b\neq 1, N>0}$$

利用对数换底公式可以把对数根据需要换底，再进行化简或计算.

练　习

1. 用 $\lg x, \lg y, \lg z$ 表示下列各式：

(1)$\lg(xyz)$;　　　(2)$\lg\dfrac{xy^2}{z}$;　　　(3)$\lg\dfrac{xy^2}{\sqrt{z}}$;　　　(4)$\lg\dfrac{\sqrt{x}}{y^2 z}$.

2. 计算：

(1)$\log_3(27\times 9^2)$;　(2)$\lg 100^2$;　　(3)$\lg 0.000\ 01$;　(4)$\log_7 \sqrt[3]{49}$.

3. 计算下列各式的值：

(1)$\log_2 6-\log_2 3$;　　　　　(2)$\lg 5+\lg 2$;

(3)$\log_5 5-\log_5 \dfrac{1}{5}$;　　　　(4)$\log_3 5-\log_3 15$.

习　题　4.3

1. 用对数形式表示 x,并化简:

(1) $36^x = 6$; 　　　　(2) $3^x = 1$; 　　　　(3) $0.1^x = 0.01$; 　　　　(4) $2^x = 0.5$;

(5) $a^x = \dfrac{1}{a}$.

2. 把下列各题的对数式写成指数式:

(1) $x = \log_5 27$; 　　　(2) $x = \log_8 7$; 　　　(3) $x = \log_4 3$ 　　　(4) $x = \log_7 \dfrac{1}{3}$.

3. 用 $\log_a x$,$\log_a y$,$\log_a z$,$\log_a (x \pm y)$ 的形式表示下列各式:

(1) $\log_a \dfrac{\sqrt{z}}{yx^2}$;

(2) $\log_a x \sqrt[4]{y^2 z^3}$;

(3) $\log_a x^{\frac{1}{2}} y^{-\frac{3}{2}} z^{-\frac{2}{5}}$;

(4) $\log_a x^{-1} y^{-2} (x^2 - y^2)$.

4. 计算:

(1) $\log_7 2 + \log_7 \dfrac{1}{2}$;

(2) $\log_3 18 - \log_3 2$;

(3) $2\log_5 10 + \log_5 0.25$;

(4) $\lg \dfrac{1}{4} - \lg 25$;

(5) $\lg 5 + \lg 25 + \dfrac{2}{3}\lg 8 + \lg 2$;

(6) $\lg 8\,000 + \lg 125 - \lg 100$;

(7) $3^{1 - 2\log_3 7}$;

(8) $25^{\log_5 2}$.

5. 求下列各式中的 x:

(1) $\lg x = \lg 5 - \lg 2 + \lg 3$;

(2) $\ln x = 2\ln 3 + 3\ln 1 - 2$.

6. 已知 $\lg 2 \approx 0.301\,0$,$\lg 3 \approx 0.477\,1$,计算(精确到 $0.000\,1$):

(1) $\lg 30$; 　　　(2) $\lg 0.6$; 　　　(3) $\lg \sqrt{12}$; 　　　(4) $\lg 150$.

7. 计算:(1) $\dfrac{\lg 5 - 2\lg 2 - \dfrac{1}{2}\lg 225}{1 + \dfrac{1}{2}\lg 0.36 + \dfrac{1}{3}\lg 8} - 1$;

(2) $\lg 2 \cdot \lg \dfrac{5}{2} + \lg 0.2 \cdot \lg 40$.

4.4 对数函数

本节重点知识:

1. 定义:$y = \log_a x (a > 0$ 且 $a \neq 1), x \in (0 + \infty)$.

2. 图像:在 y 轴右方,且过点 $(1,0)$ 的一条曲线.

3. 性质:$a > 1$ 时,是增函数;$0 < a < 1$ 时,是减函数.

4.4.1 对数函数的定义、图像和性质

1. 对数函数的定义

我们在指数函数中学过,细胞分裂时,细胞个数 y 是分裂次数 x 的函数,即 $y = 2^x$.反过来,要求 1 个细胞经过几次分裂才能达到 1 万个细胞,那么分裂次数 x 就是细胞个数 y 的函数. 根据指数式与对数式的关系,这个函数可以写成 $x = \log_2 y$.

一般地,形如 $y = \log_a x (a > 0$ 且 $a \neq 1)$ 的函数,称做**对数函数**.

例如,$y = \log_2 x, y = \log_{\frac{1}{2}} x, y = \lg x$ 和 $y = \ln x$ 等都是对数函数.

🪐**想一想**

填表 4-8.

表 4-8

函数	指数函数 $y = a^x$	对数函数 $y = \log_a x$
定义域		
值域		

例 1 求下列函数的定义域:

(1) $y = \log_a x^2$; (2) $y = \log_a (2x - 1)$ $(a > 0$ 且 $a \neq 1)$.

分析 要使对数函数有意义,它的真数必须是正数.

解 (1) x^2 必须大于 0,即 $x^2 > 0$,得 $x \neq 0$.

所以函数 $y = \log_a x^2$ 的定义域为 $(-\infty, 0) \bigcup (0, +\infty)$;

(2) $2x - 1$ 必须大于 0,即 $2x - 1 > 0$,得 $x > \dfrac{1}{2}$.

所以函数 $y = \log_a (2x - 1)$ 的定义域是 $\left(\dfrac{1}{2}, +\infty \right)$.

2. 对数函数的图像和性质

作函数 $y = \log_2 x$ 和 $y = \log_{\frac{1}{2}} x$ 的图像.

先在定义域$(0,+\infty)$内列出x,y的对应值表(见表4-9和表4-10).

$y=\log_2 x$

表　4-9

x	...	$\dfrac{1}{4}$	$\dfrac{1}{2}$	1	2	4	...
$y=\log_2 x$	...	-2	-1	0	1	2	...

$y=\log_{\frac{1}{2}} x$

表　4-10

x	...	$\dfrac{1}{4}$	$\dfrac{1}{2}$	1	2	4	...
$y=\log_{\frac{1}{2}} x$	...	2	1	0	-1	-2	...

再描点连线,就得到函数$y=\log_2 x$和$y=\log_{\frac{1}{2}} x$的图像,如图4-3所示.

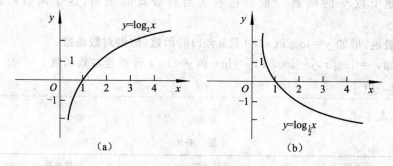

图　4-3

同样,在同一坐标系作出$y=\lg x$,$y=\log_{\frac{1}{10}} x$的图像,如图4-4所示.

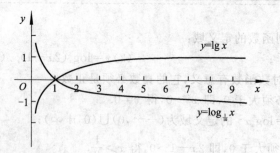

图　4-4

一般地,对数函数$y=\log_a x$在底数$a>1$及$0<a<1$这两种情况下的图像形状及位置如表4-11所示.

表　4-11

函数 $y=\log_a x$ 的图像特征	
$a>1$	$0<a<1$

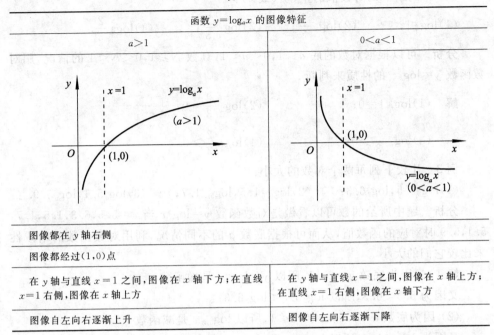

图像都在 y 轴右侧	
图像都经过 $(1,0)$ 点	
在 y 轴与直线 $x=1$ 之间,图像在 x 轴下方;在直线 $x=1$ 右侧,图像在 x 轴上方	在 y 轴与直线 $x=1$ 之间,图像在 x 轴上方;在直线 $x=1$ 右侧,图像在 x 轴下方
图像自左向右逐渐上升	图像自左向右逐渐下降

由对数函数 $y=\log_a x(a>0$ 且 $a\neq1)$ 的图像特征,我们可以得到对数函数的性质(见表 4-12).

表　4-12

函数 $y=\log_a x$ 的性质	
$a>1$	$0<a<1$
定义域是 $(0,+\infty)$;值域是 $(-\infty,+\infty)$	
1 的对数是 0;即当 $x=1$ 时,$y=0$	
当 $x>1$ 时,$y>0$; 当 $0<x<1$ 时,$y<0$	当 $x>1$ 时,$y<0$; 当 $0<x<1$ 时,$y>0$
在 $(0,+\infty)$ 上 y 是增函数	在 $(0,+\infty)$ 上 y 是减函数

练一练

根据对数函数的性质,利用比较符号填空:

(1)$\log_2 3$ ____ 0,$\log_{\frac{1}{3}} 5$ ____ 0,$\log_2(\sqrt{2}-1)$ ____ 0,$\log_{\frac{6}{7}} \frac{3}{5}$ ____ 0;

(2)$\log_3 5$ ____ 1,$\log_5 3$ ____ 1,$\log_{\frac{1}{2}} \frac{1}{3}$ ____ 1,$\log_{\frac{2}{3}} 6$ ____ 1.

例 2　判断下列对数值的正、负(或 0)：

(1)$\log_{\frac{3}{4}}1$;　　　　(2)$\log_3\frac{2}{3}$;　　　　(3)$\log_7\frac{7}{3}$;　　　　(4)$\log_{\frac{1}{2}}\frac{2}{3}$.

分析　可以根据对数的底 $a>1,0<a<1$,真数 $N\geqslant1,0<N<1$ 的情况,用对数函数 $y=\log_a x$ 的性质来判断.

解　(1)$\log_{\frac{3}{4}}1=0$;　　　　　　(2)$\log_3\frac{2}{3}<0$;

　　(3)$\log_7\frac{7}{3}>0$;　　　　　　(4)$\log_{\frac{1}{2}}\frac{2}{3}>0$.

例 3　比较下列每两个对数的大小：

(1)$\log_2 5.5,\log_2 6.3$;　　　(2)$\log_{0.5}1.5,\log_{0.5}1.7$;　　　(3)$\log_a 5.1,\log_a 5.9$.

分析　题中所给的数可以看做是对数函数 $y=\log_a x$ 当 $x=5.5,6.3,1.5,1.7$,5.1,5.9 时对应的函数值,从而可根据底数 a 的不同情况,利用对数函数的增减性来比较它们的大小.

解　(1)因为底数 $a=2>1$,所以 $y=\log_2 x$ 是增函数.

又因为 5.5<6.3,所以 $\log_2 5.5<\log_2 6.3$;

(2) 因为底数 $a=0.5,0<0.5<1$,所以 $\log_{0.5}x$ 是减函数.

又因为 1.5<1.7,所以 $\log_{0.5}1.5>\log_{0.5}1.7$.

(3) 对数函数的增减性取决于对数的底是大于 1 还是小于 1. 而已知条件中未指明底数 a 的取值范围,因此需要对底数进行 a 讨论.

当 $a>1$ 时,函数 $y=\log_a x$ 在 $(0,+\infty)$ 内是增函数,于是 $\log_a 5.1<\log_a 5.9$;

当 $0<a<1$ 时,函数 $y=\log_a x$ 在 $(0,+\infty)$ 内是减函数,于是 $\log_a 5.1>\log_a 5.9$.

练　习

1. 求下列函数的定义域：

(1)$y=\log_a(3x-5)$;　　　　　　　　(2)$y=\dfrac{1}{\log_2 x}$;

(3)$y=\log_a\dfrac{1}{x-3}$;　　　　　　　(4)$y=\log_a(1-x^2)$.

2. 下列各个对数哪些是正的? 哪些是负的? 哪些是零?

(1)$\lg1.5$;　(2)$\lg0.2$;　(3)$\log_{\frac{1}{2}}\frac{3}{2}$;　(4)$\log_7\frac{3}{4}$;　(5)$\log_{0.1}0.5$;　(6)$\log_{0.5}5$.

3. 比较下列每两个对数的大小：

(1)$\lg1.03,\lg1.02$;　　　　　　　　(2)$\log_{0.3}1.1,\log_{0.3}1.2$;

(3)$\log_{\frac{1}{2}}1, \log_{\frac{1}{3}}1$;　　　　　　　　(4)$\log_{0.5}0.9, \log_{0.5}0.8$.

4. 把 x, y 的对应值填在表 4-13 中, 并在同一坐标平面中作出函数 $y = \log_3 x$ 和 $y = \log_{\frac{1}{3}} x$ 的图像.

表　4-13

x	...	27	9	3	1	$\frac{1}{3}$	$\frac{1}{9}$	$\frac{1}{27}$	...
$y = \log_3 x$	...								...
$y = \log_{\frac{1}{3}} x$	...								...

* 5. 题组训练:

(1) 在同一坐标系中, 作出 $y = \log_2 x, y = \log_3 x, y = \log_4 x$ 的图像;

(2) 在同一坐标系中, 作出 $y = \log_{\frac{1}{2}}, y = \log_{\frac{1}{3}}, y = \log_{\frac{1}{4}} x$ 的图像;

(3) 观察作出的图像你能得到哪些认识?

4.4.2　对数函数的应用

下面举例来说明对数函数在实际问题中的应用.

例 4　某工厂今年年利润收入为 1000 万元, 如果年利润收入平均增长率为 6%, 那么经过几年后它的年利润收入可以翻两番? (结果保留到小数点后面一位)

解　设经过 x 年后工厂年利润收入为 y, 则 $y = 1000(1 + 0.06)^x = 4000, 1.06^x = 4$. 两边取常用对数, 得 $\lg 1.06^x = \lg 4$. $x \lg 1.06 = 2 \lg 2$.

所以
$$x = \frac{2\lg 2}{\lg 1.06} = \frac{2 \times 0.301\, 0}{0.025\, 3} \approx 23.8.$$

答　大约经过 24 年后, 这个工厂年利润收入可以翻两番.

例 5　某种放射性物质, 每经过一年剩留的质量约是原来的 90%, 试求它的半衰期, 即经过几年后, 剩留的质量是原来的一半? (结果保留到小数点后面一位)

解　设最初的质量是 1, 经过 x 年, 剩留量是 $y = \frac{1}{2}$. 可得 $1 \cdot (0.9)^x = \frac{1}{2}$, 即 $0.9^x = \frac{1}{2}$.

两边同取常用对数, 得 $x \lg 0.9 = \lg 0.5, x = \dfrac{\lg 0.5}{\lg 0.9} = \dfrac{-0.3010}{-0.0458} \approx 6.6$.

答　大约经过 6.6 年后, 剩留的质量是原来的一半, 即这种放射性物质的半衰期约为 6.6 年.

例 6　1995 年我国人口总数已达 12 亿, 如果我国在 10 年后人口总数控制在 15 亿内, 那么我国的人口年自然增长率要控制在多少? ($\lg 1.023 \approx 0.009\, 7$)

解　设人口年自然增长率为 x. 则 $12(1 + x)^{10} = 15$, 即 $(1 + x)^{10} = \dfrac{5}{4} = \dfrac{10}{8}$.

两边同取常用对数,得 $10\lg(1+x)=\lg10-\lg8$.

$$\lg(1+x)=\frac{1-0.301\ 0\times3}{10}=0.009\ 7.1+x\approx1.023.\ x\approx0.023=2.3\%.$$

答 要使我国在 10 年后人口控制在 15 亿内,人口年自然增长率要控制在 2.3% 以内.

练　习

1. 某工厂年产值为 a 万元,计划从今年起年产值平均增长率为 10%,写出年产值与年数变化的函数关系式,并求大约多少年后产值可以翻两番.(已知 $\lg2\approx0.301\ 0,\lg1.1\approx0.041\ 4$)

2. 一种产品原来成本为 1 万元,在今后几年内计划成本平均降低 6%,写出成本与年数的函数关系式,并求大约经过几年成本降为原来的一半.($\lg9.4\approx0.973\ 1$)

3. 一个细胞每分裂一次成 2 个,写出分裂后细胞个数与分裂次数的函数关系式,并求经过几次分裂后细胞个数是原来的 30 倍.

习　题　4.4

1. 求下列函数的定义域:

(1) $y=\log_5\sqrt{x-1}$;

(2) $y=\ln(1-x^2)$;

(3) $y=\sqrt{\lg x}$;

(4) $y=\sqrt{3-x}\lg(6-2x)$.

2. 比较下列各题中两个值的大小:

(1) $\lg6$ 与 $\lg8$;

(2) $\log_{0.5}6$ 与 $\log_{0.5}4$;

(3) $\log_{\frac{2}{3}}0.5$ 与 $\log_{\frac{2}{3}}0.6$;

(4) $\log_{1.5}1.6$ 与 $\log_{1.5}1.4$.

3. 根据下列各式 a 确定的取值范围:

(1) $\log_a0.8>\log_a1.2$;

(2) $\log_a\sqrt{10}>\log_a\pi$;

(3) $\log_{0.2}a>\log_{0.2}3$;

(4) $\log_2a>0$.

4. 我国 1980 年底人口数大约为 10 亿,到 1995 年底约为 12 亿,在这 15 年中年平均人口增长率为多少?

5. 已知某放射性物质经过 10 年剩留量为原来的 80%,求它大约经过多少年剩留量为原来的一半.

6. 某地去年粮食平均亩产 400 kg,从今年起计划年平均增长 7%,经过几年可提高到亩产 500 kg?

思考与总结

本章主要是学习指数概念的推广和实数指数幂的运算法则；指数函数的性质和图像；对数函数的概念和计算；对数函数的图像和性质．

1. 指数和对数

如果 $x^n = a (a \in \mathbf{N}_+,$ 且 $n > 1)$，那么 x 称做 a 的 n 次方根．在此基础上，我们规定了分数指数幂的意义：

$$a^{\frac{m}{n}} = \underline{\qquad} (a > 0, m, n \in \mathbf{N}_+, 且 n > 1),$$

$$a^{-\frac{m}{n}} = \underline{\qquad} (a > 0, m, n \in \mathbf{N}_+, 且 n > 1).$$

如果 $a^b = N (a > 0$ 且 $a \neq 1)$，那么 b 称做以 a 为底 N 的对数，记做 $\underline{\qquad}$．

指数式与对数式的关系是

$$\underline{\qquad} \Leftrightarrow \underline{\qquad} (a > 0 且 a \neq 1, N > 0),$$

两个式子表示的 a, b，三个数之间的关系是一样的，并且可以互化．

指数运算性质和对数运算性质（见表 4-14）．

表　4-14

指数运算性质	对数运算性质
$a^m \cdot a^n = \underline{\qquad}$ $(a^m)^n = \underline{\qquad}$ $(ab)^n = \underline{\qquad}$ $(a > 0, b > 0, m, n \in \mathbf{N})$	$\log_a(MN) = \underline{\qquad}$ $\log_a \dfrac{M}{N} = \underline{\qquad}$ $\log_a M^n = \underline{\qquad}$ $(M > 0, N > 0, a > 0 且 a \neq 1)$

2. 指数函数和对数函数

请读者自行完成表 4-15．

表　4-15

函数	指数函数 $y = a^x (a > 0 且 a \neq 1)$	对数函数 $y = \log_a x (a > 0 且 a \neq 1)$
图像		
性质		

复 习 题 四

1. 计算：

0.01^{-3}；$\left(\dfrac{8}{27}\right)^{-\frac{2}{3}}$；$0.125^{-\frac{1}{3}}$；$\left(3\dfrac{3}{8}\right)^{-\frac{2}{3}}$；$\left(-1\dfrac{1}{2}\right)^{-2}$；

$4^{-2}\times\left(2\dfrac{1}{4}\right)^{-\frac{1}{2}}$；$(3^{\frac{3}{2}}\times3^{-\frac{1}{2}})^4$.

2. 计算下列各式的值：

(1) $2\sqrt{2}\cdot\sqrt[4]{2}\cdot\sqrt[8]{2}$；

(2) $(\sqrt{3}-\sqrt{2})^0+\left(\dfrac{1}{2}\right)^{-2}+125^{\frac{2}{3}}$；

(3) $\sqrt[4]{ab^2}\cdot\sqrt[3]{a^2b}\,(a>0,b>0)$；

(4) $\lg25+\lg40$；

(5) $\lg5-\lg50$；

(6) $\log_34+\log_38-\log_3\dfrac{32}{9}$；

(7) $\log_2\left(\log_232-\log_2\dfrac{3}{4}+\log_26\right)$；

(8) $\dfrac{1}{6}\log_264+\dfrac{1}{2}\log_864+\log_381$；

(9) $2\log_525+3\log_264-8\lg1-\log_88$；

(10) $\log_a\sqrt[n]{a}+\log_a\dfrac{1}{a^n}+\log_a\dfrac{1}{\sqrt[n]{a}}$.

3. 求下列各式中的 x：

(1) $\log_2x=\log_2(a+b)-2[\log_2a+2\log_2b-\log_2c]$；

(2) $\log_3x=\dfrac{1}{4}[3\log_3a-(3\log_3b+2\log_3c)]$.

4. 求下列函数的定义域：

(1) $y=3^{\sqrt{5x}}$；

(2) $y=8^{\frac{1}{2x-1}}$；

(3) $y=\dfrac{1}{1-\log_7x}$；

(4) $y=\sqrt{\log_{\frac{1}{5}}x}$；

(5) $y=\sqrt{\left(\dfrac{1}{5}\right)^x-1}$；

(6) $y=\log_2(x^2+x-2)$；

(7) $y=\sqrt{\log_{0.1}(3x-2)}$；

(8) $y=\dfrac{\lg(2x-1)}{1-x^2}$.

5. 比较下列每两个数的大小：

(1) $\left(\dfrac{2}{3}\right)^{-\frac{1}{3}}$，$\left(\dfrac{2}{3}\right)^{-\frac{1}{4}}$；

(2) $3^{-0.7}$，$3^{-0.8}$；

(3) $\log_{0.3}\dfrac{1}{2}$，$\log_{0.3}\dfrac{1}{3}$；

(4) $\lg\pi$，$\lg3.14$.

6. 比较 m,n 的大小 $(m,n\in(0,+\infty))$：

(1)$1.5^m < 1.5^n$;　　　　　　　　　(2)$0.5^m < 0.5^n$;

(3)$\log_5 m > \log_5 n$;　　　　　　　(4)$\log_{\frac{1}{5}} m > \log_{\frac{1}{5}} n$.

7. 已知 $\log_a x < \log_a(x-1)$, 求 a 的取值范围.

8. 把下列各数按照从小到大的顺序用比较符号连接起来.

(1)$2^{0.3}$, 0.3^2, $\log_2 0.3$;

(2)$\log_{\frac{1}{2}} 0.4$, $\lg 0.4$, $\log_2 0.4$;

(3)当 $1 < x < 10$ 时, $\lg(\lg x)$, $\lg^2 x$, $\lg x^2$;

(4)当 $1 < a < 1$ 时, $\log_2 a$, $\log_4 a$, $\log_{0.2} a$.

9. 题组训练:

判断下列函数的奇偶性:

(1)$f(x) = \dfrac{1+x}{1-x}$;　　　　　　　(2)$f(x) = \dfrac{1+x^2}{1-x^2}$;

(3)$f(x) = \lg \dfrac{1+x}{1-x}$;　　　　　　(4)$f(x) = \lg \dfrac{1+x^2}{1-x^2}$.

10. 仓库库存的某种商品价值是 50 万元, 如果每年的损耗率是 4.5%(就是每年比上一年减少库存品价值的 4.5%), 求经过几年, 它的价值降为 20 万元?(结果保留一位有效数字)

11. 某高职学校的学生人数每年平均增长率为 20%, 大约经过多少年, 该校的学生人数将翻一番?

第 5 章　任意角的三角函数

在初中,我们学习了锐角三角函数,并且应用它们来解直角三角形和进行有关计算. 但在科学技术和实际问题中,常要用到任意大小的角,因此本章将先把角的概念进行推广,再研究任意的三角函数和三角函数的简化公式、和角公式、倍角公式,并在此基础上讨论三角函数的图形和性质,以及斜三角形的解法.

5.1　任意角的三角函数

本节重点知识:

1. 角的概念的推广.
2. 弧度制.
3. 任意角的三角函数.
4. 同角三角函数的基本关系式.

5.1.1　角的概念的推广

思考:当你的表慢了 50 min,你是怎样将它校准的? 当你的表快了 40 min,你应当怎样将它校准? 当时间校准后,分针转了多少度?

我们在初中学过,在平面内,角可以看作一条射线绕着它的端点旋转而成的图形. 起始的射线称做角的**始边**,终止的射线称做角的**终边**,射线的端点称做角的**顶点**. 如图 5-1 所示,OA 是角 α 的始边,OB 是角 α 的终边,O 是角 α 的顶点.

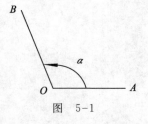

图 5-1

角除了常用字母 A,B,C 等表示外,也可以用字母 $\alpha,\beta,\gamma,\theta$ 等表示,特别是当角作为变量时,用字母 x 表示.

以前我们所研究的角都是 $0°\sim360°$ 的角,但是在日常生活、生产劳动和科学实验中,我们经常会遇到大于 $360°$ 的角. 例如,正常运转的钟表,一昼夜里时针转过的角为 2 周角 $=720°$,分针转过的角为 24 周角 $=8640°$.

既然角是由一条射线绕着它的端点旋转而成,旋转的方向显然有两种:一种是逆时针方向,一种是顺时针方向.两种旋转方向都可以构成角,为了区别这两种因旋转方向不同而形成的角,我们规定:一条射线绕着它的端点按逆时针方向旋转所得的角为**正角**.按顺时针方向旋转所得的角为**负角**.(即钟表时针、分针转过的角度都为负角.)当一条射线没有任何旋转,我们称它形成了一个**零角**.零角的始边与终边重合.如果角 α 是零角,那么 $\alpha = 0°$.

如图 5-2(a)中的角是一个正角,它等于 $750°$;图 5-2(b)中正角 $\alpha = 210°$,负角 $\beta = -150°, \gamma = -660°$.

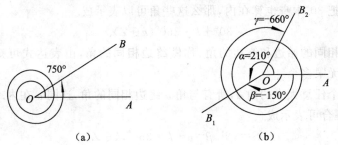

(a)　　　　　　　　(b)

图　5-2

至此,我们已经把角的概念推广到任意大小的角包括正角、负角和零角的范围.画图时,常用带箭头的弧来表示旋转的方向和旋转的绝对量.旋转生成的角,又常称为转角.

1. 任意角的概念

逆时针方向——正角;

顺时针方向——负角;

没有旋转 —— 零角.

2. 象限角

为了讨论问题的方便,我们总是把任意大小的角放到平面直角坐标系内加以讨论,具体方式是:①使角的顶点和坐标原点重合,②角的始边与 x 轴的非负半轴重合.这时角的终边在第几象限,我们就说这个角是第几象限的角(有时也称这个角属于第几象限);如果这个角的终边恰巧落在坐标轴上,就认为这个角不属于任何象限.

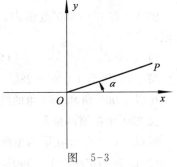

图　5-3

如果把 $\alpha = 30°$ 的角按上述方式放到直角坐标系中(见图 5-3). α 的始边为 Ox,终边为 OP,很明显 α 是第一象限的角.那么与 α 角有相同的始边终边的角可以怎样表示呢? 这些角可以表示成:

$$30°+360°, \qquad 30°-360°,$$
$$30°+2 \cdot 360°, \quad 30°-2 \cdot 360°,$$
$$30°+3 \cdot 360°, \quad 30°-3 \cdot 360°,$$
$$\cdots\cdots$$

3. 终边相同的角

在图 5-3 中,如果 30°的终边是 OP,那么 390°,−330°,…角的终边都是 OP,并且与 30°角的终边相同的这些角都可以表示成 30°的角与 k 个($k \in \mathbf{Z}$)周角的和. 所有这些角把 30°本身也算在内,那么这些角可以表示成

$$30°+k \cdot 360°(k \in \mathbf{Z}).$$

这些有相同的始边和终边的角,称做**终边相同的角**,由表达式可知,与 α 终边相同的角有无限多个.

对于每个任意大小的角 α,所有与角 α 终边相同的角,连同 α 在内. 可构成一个集合,这个集合可表示成:

$$S=\{\beta| \ \beta=\alpha+k \cdot 360°, k \in \mathbf{Z}\},$$

即集合 S 的任一元素都与 α 角终边的相同.

注意　如果 $\beta=\alpha+k \cdot 360°(k \in \mathbf{Z})$,那么 α 与 β 就是终边相同的角,因此它们或同属于某一个象限,或终边同在坐标轴的某一条半轴上.

如 $750°=30°+2 \cdot 360°$,则 750°与 30°同属于第一象限;$-450°=270°+2 \cdot 360°$,则−450°与 270°同在 y 轴的负半轴上.

练一练

指出下列各角分别是第几象限的角:

(1)45°;　　(2)−135°;　　(3)−240°;　　(4)330°.

例 1　在 0°~360°范围内,找出与下列各角终边相同的角,并判定各角所在象限:

(1)1 000°;　　　　　　(2)573°.

解　(1)因为 1 000°=280°+2×360°,

所以 1 000°角和 280°角的终边相同.

又 280°角在第四象限,

所以 1 000°角也在第四象限.

(2)因为 573°=213°+360°,

所以　573°角与 213°角的终边相同.

又 213°角在第三象限,

所以 573°角也在第三象限.

例 2 写出与下列各角终边相同的角的集合 S:

(1)$45°$; (2)$-75°$; (3)$-335°27'$.

解 (1)$S=\{\beta|\ \beta=45°+k\cdot360°,k\in\mathbf{Z}\}$

(2)$S=\{\beta|\ \beta=-75°+k\cdot360°,k\in\mathbf{Z}\}$

(3)$S=\{\beta|\ \beta=-335°27'+k\cdot360°,k\in\mathbf{Z}\}$

例 3 写出终边在 y 轴上的角的集合.

解 在 $0°$ 到 $360°$ 间终边在 y 轴上的角,分别是 $90°$ 角和 $270°$ 角(见图 5-4). 因此,终边在 y 轴上的所有的角是 $90°+k\cdot360°$ 和 $270°+k\cdot360°(k\in\mathbf{Z})$ 注意到

$$90°+k\cdot360°=90°+2k\cdot180° \qquad (1)$$

$$270°+k\cdot360°=90°+(2k+1)\cdot180° \qquad (2)$$

(1)式的右边是 $180°$ 的偶数倍加 $90°$

(2)式的右边是 $180°$ 的奇数倍加 $90°$,

两式合并起来就是 $180°$ 的任意整数倍加 $90°$,即 $90°+n\cdot180°,n\in\mathbf{Z}$. 所以,终边在 y 轴上的角的集合可写成

$$S=\{\beta|\ \beta=90°+n\cdot180°,n\in\mathbf{Z}\}.$$

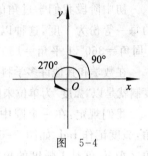

图 5-4

 练一练

仿照例 3,写出终边在 x 轴上的角的集合.

练 习

1. 在直角坐标系中,以原点为顶点,x 轴的非负半轴为始边,画出下列各角,并分别指出它们是第几象限的角:

(1)$390°$;   (2)$-60°$;   (3)$-585°$;   (4)$960°$.

2. 写出下列各角终边相同的角的集合:

(1)$72°$;   (2)$-40°$;   (3)$-202°39'$;   (4)$125°$.

3. 在 $0°\sim360°$ 间,找出下列各角终边相同的角,并分别指出它们是第几象限的角:

(1)$786°$;   (2)$932°$;   (3)$-45°$;   (4)$-480°$.

4. 钝角是第几象限的角? 第二象限的角都是钝角吗?

5. 求和并作图表示下列各角:

(1)$30°+45°$;   (2)$90°+(-60°)$;

(3)$60°-180°$;   (4)$-60°+270°$;

6. 题组训练:

(1)如果角 α 的终边过点 $P(-10,3)$,则角 α 是第_____象限的角;

(2)如果角 α 是第二象限的角,且角 α 的终边过点 $P(m,5)$,则实数 m 的取值范围是_____.

5.1.2　弧度制

度量长度可以用米、英尺、码等不同的单位制.度量质量可以用千克、磅等不同的单位制.不同的单位制能为解决问题带来方便.角的度量是否也能用不同的单位制呢?

初中阶段我们学过角的度量,具体做法是将一个周角分成 360 等份,规定其中的每一等份为 1 度,这种以"度"为单位来度量角的制度称做角度制.在角度制下,1 周角=360°,1 平角=180°,1 直角=90°.

在数学和其他许多学科研究中常常应用到另一种度量角的单位制——弧度制.弧度制就是以"弧度"为单位来度量角的制度.那么,弧度又是怎样的一种单位呢?

我们规定:在一个圆中,长度等于半径长的圆弧所对的圆心角称做 1 弧度的角,弧度记作 rad.如图 5-5(a)所示,在 $\overset{\frown}{AB}$ 的长等于圆的半径 r,那么 $\overset{\frown}{AB}$ 所对圆心角 $\angle AOB$ 就是 1 弧度的角.又如图 5-5(b)所示,$\overset{\frown}{CD}$ 的长等于 1.5 倍的半径,那么,$\overset{\frown}{CD}$ 所对圆心角 $\angle COD$ 就是 1.5 弧度的角.

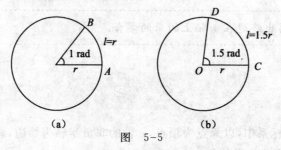

(a)　　　　　　(b)

图　5-5

想一想

在不同的两个圆中,长度分别等于它们半径的弧所对的圆心角相等吗?

建立了弧度制以后,任何一个角都可以用弧度和度这两种不同的单位来度量,且所得的量数不同(除零角以外).下面我们研究弧度和度之间的换算关系:

我们知道,一个周角等于 360°,一个周角所对的弧长 $l=2\pi r$(其中 r 是圆的半径),就是一个整圆的周长,它的弧度数是

$$\frac{l}{r} = \frac{2\pi r}{r} = 2\pi.$$

这就是说,一个周角等于 360°,用弧度来量它,等于 2π rad,即 $360°=2\pi$ rad,因

此得到角度和弧度的换算公式：

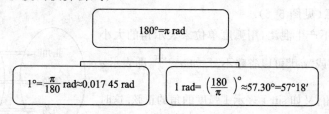

我们只需根据公式就可以进行弧度与角度的换算.

例 4　把 $22°30'$ 化成弧度.

解　因为 $22°30' = 22.5° = \dfrac{45°}{2}$，

所以 $22°30' = \dfrac{1}{2} \times \dfrac{\pi}{4} \mathrm{rad} = \dfrac{\pi}{8} \mathrm{rad}$.

例 5　把 $\dfrac{2\pi}{5}$ 弧度化成度.

解　$\dfrac{2}{5}\pi = \dfrac{2}{5}\pi \times \dfrac{180°}{\pi} = 72°$.

练一练

(1)将下列各弧度化为度：

① π；　② 2π；　③ $\dfrac{\pi}{2}$；　④ $\dfrac{3\pi}{2}$；　⑤ $\dfrac{\pi}{3}$；　⑥ $\dfrac{2\pi}{3}$；　⑦ $\dfrac{4\pi}{3}$；　⑧ $\dfrac{5\pi}{3}$；

⑨ $\dfrac{\pi}{6}$；　⑩ $\dfrac{5\pi}{6}$；　⑪ $\dfrac{\pi}{4}$；　⑫ $\dfrac{3\pi}{4}$；　⑬ $\dfrac{5\pi}{4}$；　⑭ $\dfrac{7\pi}{4}$；　⑮ $\dfrac{7\pi}{6}$；　⑯ $\dfrac{11\pi}{6}$.

(2)将下列各度化为弧度(用含 π 的式子表示)：

①180°；　②360°；　③90°；　④270°；　⑤60°；　⑥120°；

⑦240°；　⑧300°；　⑨30°；　⑩150°；　⑪45°；　⑫135°；

⑬225°；　⑭315°；　⑮210°；　⑯330°.

表 5-1 是一些特殊角的度数与弧度数的对照表.

表　5-1

角度	0°	30°	45°	60°	90°	180°	270°	360°
弧度	0	$\dfrac{\pi}{6}$	$\dfrac{\pi}{4}$	$\dfrac{\pi}{3}$	$\dfrac{\pi}{2}$	π	$\dfrac{3\pi}{2}$	2π

由于角分正角、负角和零角，我们规定：正角的弧度数为正数，负角的弧度数为负数，零角的弧度数为零. 总之，任意一个角的弧度数是一个实数，于是，在弧度制下，角的集合和实数集 **R** 之间可以建立起这样的一种对应关系，即每一个角对应一个实数（即这个角的弧度数），不同的角对应不同的实数；反之，每一个实数对应一

个角(即弧度数等于这个实数的角),不同的实数对应不同的角.显然,这是一种一一对应的关系(见图 5-6).

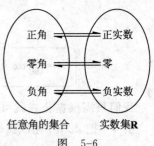

今后,如不产生混淆,用弧度单位来表示角的大小时"弧度"两字或"rad"可以省略不写.如 $\alpha = \dfrac{3\pi}{2}$,即表示 α 角是 $\dfrac{3\pi}{2}$ 弧度角;又如 sin 1 表示 1 弧度的角的正弦.这时应该注意 sin 1 与 sin 1° 是不相等的两个正弦值.(单位不同,表示的量也不同)

图　5-6

例 6　计算 $\sin \dfrac{\pi}{6}$.

解　因为 $\dfrac{\pi}{6} = 30°$,

所以 $\sin \dfrac{\pi}{6} = \sin 30° = \dfrac{1}{2}$.

说明　对于特殊角,以两种单位度量,都可以直接写出它们的各种三角函数值.

例 7　将下列各角化成 $\alpha + k \cdot 2\pi (0 \leqslant \alpha < 2\pi, k \in \mathbf{Z})$ 的形式:

(1) $\dfrac{27\pi}{4}$;　　　　　　　　(2) 1 050°.

解 (1) $\dfrac{27\pi}{4} = \dfrac{3\pi}{4} + 6\pi$ 　$(\alpha = \dfrac{3\pi}{4}, k = 3)$.

(2) 1 050° = 1 050 × $\dfrac{\pi}{180} = \dfrac{35\pi}{6}$

根据弧度制的意义可知,如果在半径为 r 的圆中,长为 l 的圆弧所对的圆心角为 α,那么 α 的弧度数的绝对值为

$$|\alpha| = \dfrac{l}{r}.$$

由此可得,在弧度制下的弧长公式是

$$l = |\alpha| \cdot r.$$

其中 r 表示圆的半径,$|\alpha|$ 表示圆心角的弧度数的绝对值,l 是该圆心角所对的圆弧的长度.这个弧长公式要比在角度制下的弧长公式 $l = \dfrac{n\pi r}{180}$(其中 n 表示圆心角 α 度数的绝对值)简单.

注意　α 的正负由角 α 终边的旋转方向决定.

例 8　如图 5-7 所示,$\overparen{AB}$ 所对的圆心角为 60°,半径为 5 cm,求 $\overparen{AB}$ 的长 l(精确到 0.1 cm).

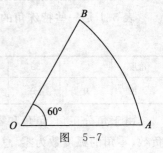

图　5-7

解　因为 $60°=\dfrac{\pi}{3}$，

所以 $l=\alpha r=\dfrac{\pi}{3}\times 5\approx 5.2$，

即 $\overset{\frown}{AB}$ 的长约为 5.2 cm.

练　习

1.（口答）说出下列各度数分别对应的弧度数（用含 π 的式子表示）：

(1)18°；　(2)15°；　(3)−72°；　(4)105°；　(5)144°；　(6)−195°；

(7)135°；　(8)120°；　(9)−30°；　(10)90°；　(11)−180°；　(12)−270°；

2. 将下列各弧度换算成度：

(1)$\dfrac{3\pi}{10}$；　(2)$-\dfrac{2\pi}{5}$；　(3)$\dfrac{5\pi}{12}$；　(4)$-\dfrac{\pi}{8}$；　(5)-3π；　(6)$\dfrac{11\pi}{12}$.

3. 求下列各三角函数值：

(1)$\sin\dfrac{\pi}{4}$；　　　　　　　(2)$\tan\dfrac{\pi}{3}$.

4. 将下列各角化成 $\alpha+k\cdot 2\pi(0\leqslant\alpha<2\pi,k\in\mathbf{Z})$ 的形式：

(1)$\dfrac{29\pi}{3}$；　(2)$\dfrac{37\pi}{7}$；　(3)1 404°；　(4)780°.

5. 题组训练.

(1)如果 $0<\alpha<\dfrac{\pi}{4}$，则 2α 是第_____象限的角.

(2)如果 $\dfrac{\pi}{4}<\alpha<\dfrac{\pi}{2}$，则 2α 是第_____象限的角.

(3)如果 $0<\alpha<\dfrac{\pi}{2}$，则 2α 是第一或二象限的角，对吗？说明理由；

(4)如果 α 是锐角，则 2α 可能是_____

6. 计算当半径为 25 cm，圆心角为 120°时所对的圆弧的长.

5.1.3　任意角的三角函数

1. 任意角的三角函数定义

将任意角 α 放在直角坐标系中，使角的顶点与原点重合，角的始边与 x 轴的非负半轴重合并设 α 终边上的任意一点 P 坐标为 (x,y)，它与原点的距离为 $r(r>0)$，$r=\sqrt{x^2+y^2}$，如图 5−8 所示.

在此用 x,y,r 三个实数中的任意两个的比来定义

α 的正弦 $\sin \alpha = \dfrac{y}{r}$；

α 的余弦 $\cos \alpha = \dfrac{x}{r}$；

α 的正切 $\tan \alpha = \dfrac{y}{x}$.

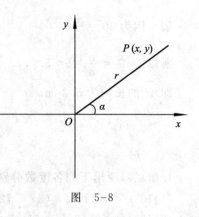

图　5-8

依照上述定义,对每个确定的角 α,都分别有唯一确定的正弦值、余弦值、正切值与之对应,所以正弦、余弦、正切都是以角 α 为自变量,以 α 角终边上点的坐标比值为函数值的函数. 分别称为角 α 的**正弦函数**、**余弦函数**和**正切函数**. 我们将它们统称为**三角函数**,由于角的集合与实数集合之间可以建立一一对应关系. 三角函数可以看做是自变量为实数的函数.

有时我们还用到下面三个函数:

α 的正割 $\sec \alpha = \dfrac{1}{\cos \alpha} = \dfrac{r}{x}$；

α 的余割 $\csc \alpha = \dfrac{1}{\sin \alpha} = \dfrac{r}{y}$；

α 的余切 $\cot \alpha = \dfrac{1}{\tan \alpha} = \dfrac{x}{y}$.

就是说,$\sec \alpha$、$\csc \alpha$、$\cot \alpha$ 分别是 $\cos \alpha$、$\sin \alpha$、$\tan \alpha$ 的倒数. 而这六个函数统称为角 α 的三角函数.

以上的各个比值中,对于 $\tan \alpha$ 与 $\sec \alpha$ 来说,x 不能为零,即 α 的终边不能在 y 轴上,所以 $\alpha \neq \dfrac{\pi}{2} + k\pi$;而对于 $\cot \alpha$ 与 $\csc \alpha$ 来说,y 不能为零,即 α 的终边不能在 x 轴上,所以 $\alpha \neq k\pi$(以上 $k \in \mathbf{Z}$).

各三角函数定义域,如表 5-2 所示.

表　5-2

三角函数	定义域
$\sin \alpha$	$\{\alpha \mid \alpha \in \mathbf{R}\}$
$\cos \alpha$	$\{\alpha \mid \alpha \in \mathbf{R}\}$
$\tan \alpha$	$\{\alpha \mid \alpha \in \mathbf{R}, \alpha \neq \dfrac{\pi}{2} + k\pi, k \in \mathbf{Z}\}$

续表

三角函数	定义域
$\cot \alpha$	$\{\alpha \mid \alpha \in \mathbf{R}, \alpha \neq k\pi, k \in \mathbf{Z}\}$
$\sec \alpha$	$\{\alpha \mid \alpha \in \mathbf{R}, \alpha \neq \dfrac{\pi}{2} + k\pi, k \in \mathbf{Z}\}$
$\csc \alpha$	$\{\alpha \mid \alpha \in \mathbf{R}, \alpha \neq k\pi, k \in \mathbf{Z}\}$

本书重点研究正弦函数、余弦函数和正切函数.

例 9　已知角 α 的终边上一点 $P(2, -3)$，求角 α 的六个三角函数值.

解　已知点 $P(2, -3)$，则

$$r = |OP| = \sqrt{2^2 + (-3)^2} = \sqrt{13},$$

由三角函数的定义，得

$$\sin \alpha = \frac{y}{r} = \frac{-3}{\sqrt{13}} = -\frac{3\sqrt{13}}{13}; \qquad \csc \alpha = \frac{r}{y} = -\frac{\sqrt{13}}{3};$$

$$\cos \alpha = \frac{x}{r} = \frac{2}{\sqrt{13}} = \frac{2\sqrt{13}}{13}; \qquad \sec \alpha = \frac{r}{x} = \frac{\sqrt{13}}{2};$$

$$\tan \alpha = \frac{y}{x} = -\frac{3}{2}; \qquad \cot \alpha = \frac{x}{y} = -\frac{2}{3}.$$

 练一练

> 已知角 α 是第二象限的角，P 是角 α 终边上一点，点 P 的纵坐标 $y = 6$，P 到原点的距离为 $2\sqrt{13}$，求 α 的六个三角函数值.

想一想

> 根据下列条件，分别求角 α 的六个三角函数值，并回答第(4)个问题：
>
> (1)角 α 的终边上有一点 $P_1(-3, -4)$；
>
> (2)角 α 的终边上有一点 $P_2(-6, -8)$；
>
> (3)角 α 的终边上有一点 $P_3(-9, -12)$；
>
> (4)一个角的三角函数值与这个角的终边上的点的位置有关吗？

2. 任意角的三角函数值的符号

由于角 α 的终边上一点 $P(x, y)$ 到原点 O 的距离 $|OP| = r$ 总是恒正的，而点 P 的坐标 x, y 有正负之分，因此，任意角 α 的各个三角函数值的符号将由 α 的终边的位置和相应的三角函数定义来确定，即

$$\sin \alpha = \frac{y}{r} \text{ 与 } \csc \alpha = \frac{r}{y} \text{ 的符号由 } y \text{ 确定；（一、二象限为正）}$$

$\cos \alpha = \dfrac{x}{r}$ 与 $\sec \alpha = \dfrac{r}{x}$ 的符号由 x 确定;(一、四象限为正)

$\tan \alpha = \dfrac{y}{x}$ 与 $\cot \alpha = \dfrac{x}{y}$ 的符号由 $x \cdot y$ 确定.(一、三象限为正)

又当 α 的终边在第一、二象限时,$y>0$,$\sin \alpha$ 与 $\csc \alpha$ 为正;当 α 得终边在第一、四象限时,$x>0$,$\cos \alpha$ 与 $\sec \alpha$ 为正;α 得终边在第一、三象限时,$x \cdot y>0$,$\tan \alpha$ 与 $\cot \alpha$ 为正.

练一练

在图 5-9 中填写指定的三角函数值在每个象限的符号.

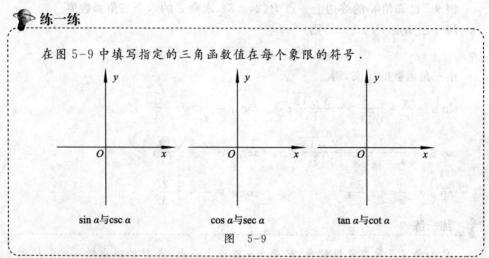

图　5-9

例 10　确定下列各三角函数值的符号:

(1)$\sin 120°$;　　(2)$\cos 250°$;　　(3)$\tan \dfrac{4\pi}{3}$;　　(4)$\sin\left(-\dfrac{\pi}{4}\right)$.

解　(1)因为 $120°$ 是第二象限的角,

所以 $\sin 120°>0$;

(2)因为 $250°$ 是第三象限的角,

所以 $\cos 250°<0$;

(3)因为 $\dfrac{4\pi}{3}$ 是第三象限的角,

所以 $\tan \dfrac{4\pi}{3}>0$;

(4)因为 $-\dfrac{\pi}{4}$ 是第四象限的角,

所以 $\sin\left(-\dfrac{\pi}{4}\right)<0$.

想一想

设 A 是 $\triangle ABC$ 的一个内角,在 $\sin A$,$\cos A$,$\tan A$ 中,哪几个有可能取得负值?

根据三角函数的定义还可以知道,终边相同的角的同一三角函数值相等,即对任意角 α(其中 α 属于相应的函数定义域)及 $k \in \mathbf{Z}$ 有下列一组公式.

$$
\begin{aligned}
&\sin(\alpha + k \cdot 2\pi) = \sin \alpha, \\
&\cos(\alpha + k \cdot 2\pi) = \cos \alpha, \\
&\tan(\alpha + k \cdot 2\pi) = \tan \alpha; \quad (k \in \mathbf{Z}).
\end{aligned}
$$

由公式可知,三角函数值有"周而复始"的变化规律,即角 α 的终边每环绕原点转一周,函数值将重复出现.利用公式,可以把任意角的三角函数值,转化为求 0 到 2π(或 $0° \sim 360°$)角的三角函数值.

例 11　确定下列三角函数值的符号:

(1) $\sin 825°$;　　　　　　　(2) $\tan \dfrac{11\pi}{3}$.

分析　要确定角 α 的某个三角函数值的符号,首先要确定 α 是第几象限的角,然后再根据该三角函数在这个象限内所取的符号来确定.

解　(1)因为 $\sin 825° = \sin(105° + 2 \times 360°) = \sin 105°$,
又由 $105°$ 是第二象限的角,$\sin 105° > 0$,
所以 $\sin 825° > 0$.

(2)因为 $\tan \dfrac{11\pi}{3} = \tan\left(\dfrac{5\pi}{3} + 2\pi\right)$

$$
= \tan \dfrac{5\pi}{3},
$$

又由 $\dfrac{5\pi}{3}$ 是第四象限的角,$\tan \dfrac{5\pi}{3} < 0$,

所以 $\tan \dfrac{11\pi}{3} < 0$.

例 12　根据条件 $\cos \theta < 0$ 且 $\tan \theta > 0$,确定 θ 角所在的象限.

解　因为 $\cos \theta < 0$,
所以 θ 在第二或第三象限或 θ 的终边在 x 轴的负半轴上.
因为 $\tan \theta > 0$,θ 在第一或第三象限.
所以满足条件 $\cos \theta < 0$ 且 $\tan \theta > 0$ 的 θ 角在第三象限.
说明:这里的 θ 既满足 $\cos \theta < 0$,又满足 $\tan \theta > 0$,所以应取它们的交集.

3. 求 $0, \dfrac{\pi}{2}, \pi$ 和 $\dfrac{3\pi}{2}$ 角的三角函数值

如图 5-10 所示,根据三角函数定义:

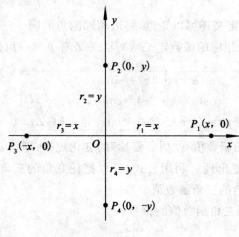

图　5-10

$$\sin \alpha = \frac{y}{r}; \quad \cos \alpha = \frac{x}{r}; \quad \tan \alpha = \frac{y}{x}.$$

当 $\alpha = 0$ 时,α 的终边和 x 轴的非负半轴重合所以 α 的终边上的点 P 的坐标满足 $x > 0, y = 0$,由此得 $r = \sqrt{x^2 + y^2} = x$ 可推出

$$\sin 0 = \frac{y}{r} = 0; \cos 0 = \frac{x}{r} = 1;$$

$$\tan 0 = \frac{y}{x} = 0.$$

根据上述内容完成表 5-3.

表　5-3

角 α 的弧度数	0	$\dfrac{\pi}{2}$	π	$\dfrac{3\pi}{2}$
角 α 的角度数	0°	90°	180°	270°
$\sin \alpha$	0			
$\cos \alpha$	1			
$\tan \alpha$	0			

例 13　化简 $a^2 \sin \dfrac{\pi}{2} - 2ab \cos \pi - b^2 \sin \dfrac{3\pi}{2} + a \tan 0 - b \tan \pi$.

解　原式 $= a^2 \cdot 1 - 2ab \cdot (-1) - b^2 \cdot (-1) + a \cdot 0 - b \cdot 0$

$\qquad = a^2 + 2ab + b^2.$

想一想

(1)如果 α 是第一象限的角,那么 $\sin \alpha$ ＿＿＿＿＿＿＿0.

(2)如果 α 是第二象限的角,那么 $\sin \alpha$ ＿＿＿＿＿＿＿0.

(3)如果 $\sin \alpha > 0$,那么 α 是＿＿＿＿＿＿＿＿＿＿＿＿＿＿＿＿.

练　习

1. 求当角 α 的终边分别经过下列各点时,α 的六个三角函数值:

(1)$P(1,1)$;　　(2)$P(-1,\sqrt{3})$;　　(3)$P(-5,-12)$;　　(4)$P(4,-3)$.

2. 确定下列三角函数值的符号:

(1)$\sin 100°$;　　　(2)$\cos 200°$;　　　(3)$\tan \dfrac{5\pi}{3}$;

(4)$\sin\left(-\dfrac{\pi}{3}\right)$;　　(5)$\cos \dfrac{16\pi}{3}$;　　(6)$\tan 522°$.

3. 根据条件,确定 θ 角所在的象限:$\sin \theta > 0$ 且 $\tan \theta < 0$.

4. 计算:

(1)$2\sin \dfrac{\pi}{2} - 3\cos 0 + 4\sin \dfrac{3\pi}{2} + 7\cos \pi$;

(2)$5\sin 0 + 6\cos \dfrac{3\pi}{2} - 8\cos \dfrac{\pi}{2} - \sin \pi$;

(3)$\sin \pi + \cos \pi + \tan \pi$.

5.1.4　同角三角函数的基本关系式

探究:如图 5-11 所示,以正弦线 MP,余弦线 OM 和半径 OP 三者的长构成直角三角形,且 $OP=1$. 由勾股定理得:

$OM^2 + MP^2 = 1$,因此 $x^2 + y^2 = 1$,即

$$\sin^2\alpha + \cos^2\alpha = 1.$$

显然,当 α 得终边与坐标轴重合时,这个公式也成立.

根据三角函数定义,当 $\alpha \neq \dfrac{\pi}{2} + k\pi, k \in \mathbf{Z}$ 时,有

$$\frac{\sin \alpha}{\cos \alpha} = \tan \alpha.$$

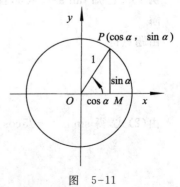

图　5-11

这就是说:同一个角 α 的正弦,余弦的平方和等于 1;商等于 α 的正切.

$$\boxed{\begin{aligned}&\text{平方关系}: \sin^2\alpha + \cos^2\alpha = 1\\&\text{商数关系}: \frac{\sin\alpha}{\cos\alpha} = \tan\alpha\end{aligned}}$$

注意

(1) $\sin^2\alpha = (\sin\alpha)^2$ 读作 $\sin\alpha$ 的平方.

(2)上面的关系式是恒等式,即当 α 取使关系式两边都有意义的值时,关系式两边的值都相等.

(3)熟记同角三角函数的基本关系式,并写出其变形公式.

例 14 已知 $\sin\alpha = \dfrac{4}{5}$,且 α 是第二象限的角,求 α 的余弦和正切值.

分析 因已知条件中给出了 $\sin\alpha$ 的值,由 $\sin^2\alpha + \cos^2\alpha = 1$,可求得 $\cos\alpha = \pm\sqrt{1-\sin^2\alpha}$,但 α 是第二象限的角,所以根号前的符号应取负号.

解

由 $\sin^2\alpha + \cos^2\alpha = 1$,得

$\cos\alpha = \pm\sqrt{1-\sin^2\alpha}$.

因为 α 是第二象限角,$\cos\alpha < 0$,

所以 $\cos\alpha = -\sqrt{1-\left(\dfrac{4}{5}\right)^2} = -\dfrac{3}{5}$,

$\tan\alpha = \dfrac{\sin\alpha}{\cos\alpha} = \dfrac{\dfrac{4}{5}}{-\dfrac{3}{5}} = -\dfrac{4}{3}$.

小结步骤:已知正弦(或余弦) $\xrightarrow{\text{根据平方关系}}$ 求余弦(或正弦) $\xrightarrow{\text{根据商数关系}}$ 求正切.

例 15 已知 $\tan\alpha = -\sqrt{5}$,且 α 是第二象限角,求 α 的正弦和余弦值.

解

由题意得

$$\begin{cases}\sin^2\alpha + \cos^2\alpha = 1, & (1)\\ \dfrac{\sin\alpha}{\cos\alpha} = -\sqrt{5}. & (2)\end{cases}$$

由(2)式,得 $\sin\alpha = -\sqrt{5}\cos\alpha$,代入(1)式得

$$6\cos^2\alpha = 1,$$
$$\cos^2\alpha = \frac{1}{6}.$$

因为 α 是第二象限角，

所以 $\cos\alpha=-\dfrac{\sqrt{6}}{6}$，代入(2)式得

$$\begin{aligned}\sin\alpha&=-\sqrt{5}\cos\alpha\\&=-\sqrt{5}\times\left(-\dfrac{\sqrt{6}}{6}\right)\\&=\dfrac{\sqrt{30}}{6}.\end{aligned}$$

小结步骤：已知正切 $\xrightarrow{\text{解方程组}}$ 求余弦(或正弦)．

例 16　化简：(1) $\dfrac{\sin\theta-\cos\theta}{\tan\theta-1}$　　(2) $\tan\alpha\cdot\sqrt{1-\sin^2\alpha}$($\alpha$ 为第二象限角)．

解　(1) 原式 $=\dfrac{\sin\theta-\cos\theta}{\dfrac{\sin\theta}{\cos\theta}-1}=\dfrac{\sin\theta-\cos\theta}{\dfrac{\sin\theta-\cos\theta}{\cos\theta}}=\cos\theta.$

(2)原式 $=\tan\alpha\cdot\sqrt{1-\sin^2\alpha}=\tan\alpha\cdot\sqrt{\cos^2\alpha}$

$\qquad=\tan\alpha\cdot|\cos\alpha|.$

因为 α 是第二象限角，$\cos\alpha<0$，

所以原式 $=\dfrac{\sin\alpha}{\cos\alpha}\cdot(-\cos\alpha)=-\sin\alpha.$

练一练

化简：

(1) $\dfrac{2\cos^2\alpha-1}{1-2\sin^2\alpha}$；　　　(2) $\sqrt{1-\sin^2100°}.$

例 17　求证：

(1) $\sin^4\alpha-\cos^4\alpha=2\sin^2\alpha-1$；

(2) $\tan^2\alpha-\sin^2\alpha=\tan^2\alpha\ \sin^2\alpha$；

(3) $\dfrac{\cos x}{1-\sin x}=\dfrac{1+\sin x}{\cos x}.$

证明

(1)原式左边 $=(\sin^2\alpha+\cos^2\alpha)(\sin^2\alpha-\cos^2\alpha)$

$\qquad=\sin^2\alpha-\cos^2\alpha$

$\qquad=\sin^2\alpha-(1-\sin^2\alpha)$

$\qquad=2\ \sin^2\alpha-1$

$\qquad=$右边．

因此 $\sin^4\alpha - \cos^4\alpha = 2\sin^2\alpha - 1$.

（2）原式右边 $= \tan^2\alpha(1 - \cos^2\alpha)$

$$= \tan^2\alpha - \tan^2\alpha\cos^2\alpha$$

$$= \tan^2\alpha - \frac{\sin^2\alpha}{\cos^2\alpha}\cos^2\alpha$$

$$= \tan^2\alpha - \sin^2\alpha = 左边.$$

因此　$\tan^2\alpha - \sin^2\alpha = \tan^2\alpha\sin^2\alpha$.

（3）证法 1：

分析　用作差法，不管分母，只需将分子转化为零.

因为　左式 － 右式

$$= \frac{\cos^2 x - (1 - \sin^2 x)}{(1 - \sin x)\cos x}$$

$$= \frac{\cos^2 x - \cos^2 x}{(1 - \sin x)\cos x} = 0.$$

所以 $\dfrac{\cos x}{1 + \sin x} = \dfrac{1 + \sin x}{\cos x}$.

证法 2：

分析　利用公分母将原式的左边和右边转化为同一种形式的结果.

因为　左边 $= \dfrac{\cos x}{1 - \sin x} \cdot \dfrac{\cos x}{\cos x}$

$$= \frac{\cos^2 x}{(1 - \sin x)\cos x};$$

右边 $= \dfrac{1 + \sin x}{\cos x} \cdot \dfrac{1 - \sin x}{1 - \sin x}$;

$$= \frac{\cos^2 x}{(1 - \sin x)\cos x}$$

所以　左边 ＝ 右边.

即原等式成立.

小结：证明恒等式一般从繁到简，从高次到低次. 从左向右，或从右向左，或从两头向中间来证明.

练　习

1. 已知 $\sin\alpha = -\dfrac{5}{13}$，且 α 为第三象限的角，求角 α 的余弦和正切值.

2. 已知 $\tan\alpha = \dfrac{3}{4}$，且 α 为第三象限的角，求角 α 的余弦和正弦值.

3. 化简

$(1)\dfrac{\sin \alpha}{\tan \alpha}$；　$(2)(1-\sin \alpha)(1+\sin \alpha)$；　$(3)\dfrac{\sin \alpha}{\sqrt{1-\sin^2 \alpha}}$（$\alpha$ 为第四象限角）.

4. 证明：

$(1)\sin^2 \alpha-\cos^2 \alpha=\sin^4 \alpha-\cos^4 \alpha$ ；

$(2)2\sin^2 \alpha\cos^2 \alpha+\sin^4 \alpha+\cos^4 \alpha=1$ ；

$(3)\dfrac{2\cos^2 \alpha-1}{1-2\sin^2 \alpha}=1.$

习　题　5.1

1. 在 $0°\sim360°$ 间找出下列各角终边相同的角，并判断它们各是第几象限的角：

$(1)520°$；　　$(2)1330°$；　　$(3)-120°$；　　$(4)-330°$.

2. 写出与下列各角终边相同的角的集合

$(1)81°$；　　$(2)-280°$；　　$(3)-485°$；　　$(4)-415°$.

3. 将下列各度化弧度（用含 π 的式子表示）：

$(1)12°$；　　$(2)-15°$；　　$(3)390°$；　　$(4)-22.5°$.

4. 将下列各弧度化成度：

$(1)\dfrac{5\pi}{6}$；　　$(2)\dfrac{4\pi}{3}$；　　$(3)-\dfrac{7\pi}{8}$；　　$(4)-\dfrac{\pi}{12}$.

5. 已知角 α 的终边分别经过下列各点，求 α 的六个三角函数值：

$(1)(-1,-12)$；　　　　　　$(2)(1,-\sqrt{3})$.

6. 已知 $p(-3,4)$ 是角 α 终边上一点，求 $\sin \alpha+\cos \alpha+\tan \alpha$ 的值.

7. 计算

$(1)8\sin 90°-7\cos 180°+3\sin 270°-5\cos 0°$；

$(2)4\cot 270°-\sin 180°+6\cos 90°-9\cos 270°$.

8. 填空：

(1)如果 $\sin \alpha>0,\cos \alpha<0$,那么 α 是第_____ 象限的角；

(2)如果 $\cos \alpha>0,\sin \alpha<0$,那么 α 是第_____ 象限的角；

(3)如果 $\tan \alpha>0,\cos \alpha<0$,那么 α 是第_____ 象限的角；

(4)如果 $\sin \alpha>0,\tan \alpha<0$,那么 α 是第_____ 象限的角.

9. 写出第一象限角的集合.

10. 已知 $\sin \alpha=-\dfrac{1}{2}$,且 α 为第三象限的角,求 $\tan \alpha$ 的值.

11. 已知 $\tan \alpha=-\dfrac{3}{4}$,且 α 为第二象限的角,求 $\sin \alpha+\cos \alpha$ 的值.

12. 化简：

(1) $\dfrac{1-\sin^2\alpha}{\sin\alpha}\cdot\tan\alpha$；

(2) $\sin\alpha\cdot\sqrt{1-\cos^2\alpha}+\cos\alpha\cdot\sqrt{1-\sin^2\alpha}$ （α 为第三象限的角）.

13. 证明：$\sin^4 x+\cos^4 x=1-2\sin^2 x\cos^2 x$

14. 如果角 α 是第二象限角，且角 α 的终边过点 $P(2m-1,3m-1)$. 求实数 m 的取值范围.

15. 化简 $\dfrac{1-\sin\alpha}{1+\sin\alpha}+\dfrac{1+\sin\alpha}{1-\sin\alpha}-4\tan^2\alpha$.

5.2　三角函数公式

本节重点知识：

1. 三角函数简化公式.

2. 和角公式.

3. 倍角公式.

5.2.1　三角函数的简化公式

思考：

我们用单位圆定义了三角函数，而圆具有很好的对称性，能否利用圆的这种对称性来研究三角函数的性质呢？

(1) 角 $\pi-\alpha$、$\pi+\alpha$ 的终边与角 α 的终边有什么关系？它们的三角函数之间有什么关系？

(2) 角 $-\alpha$ 的终边与角 α 的终边有什么关系？它们的三角函数之间有什么关系？

(3) 角 $\left(\dfrac{\pi}{2}-\alpha\right)$ 的终边与角 α 的终边有什么关系？它们的三角函数之间有什么关系？

1. 角 α 与 $\alpha\pm k\cdot 2\pi(k\in\mathbf{Z})$ 的三角函数间的关系

直角坐标系中，α 与 $\alpha\pm k\cdot 2\pi$ $(k\in\mathbf{Z})$ 的终边相同，根据三角函数的定义，它们的三角函数值相等.

公式(一)：

$$
\begin{aligned}
&\sin(\alpha+k\cdot 2\pi)=\sin\alpha;\\
&\cos(\alpha+k\cdot 2\pi)=\cos\alpha;\\
&\tan(\alpha+k\cdot 2\pi)=\tan\alpha.\ (k\in\mathbf{Z});
\end{aligned}
$$

公式(一)得出终边相同角的三角函数值相等.

2. 角 α 和角 $-\alpha$ 的三角函数间的关系

如图 5-12 所示，设单位圆与角 α 和角 $-\alpha$ 的终边的交点分别是点 P 和点 P'. 容易看出，点 P 与点 P' 关于 x 轴对称. 已知 $P(x,y)$ 和 $P'(x,-y)$.

于是，有

$$\sin\alpha=\frac{y}{r}=y, \qquad \cos\alpha=\frac{x}{r}=x;$$

而 $\sin(-\alpha)=\dfrac{-y}{r}=-y, \cos(-\alpha)=\dfrac{x}{r}=x;$

因此 $\sin(-\alpha)=-\sin\alpha, \cos(-\alpha)=\cos\alpha.$

利用三角函数关系，可以推出

$$\tan(-\alpha)=\frac{\sin(-\alpha)}{\cos(-\alpha)}=\frac{-\sin\alpha}{\cos\alpha}=-\tan\alpha.$$

归纳上述各式得到公式（二）：

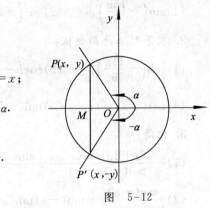

图 5-12

$$\begin{array}{l}\sin(-\alpha)=-\sin\alpha;\\ \cos(-\alpha)=\cos\alpha;\\ \tan(-\alpha)=-\tan\alpha.\end{array}$$

公式（二）把任意负角的三角函数转化为正角三角函数.

想一想

学习了公式（一）与公式（二）之后，你会把 $\sin(2\pi-\alpha),\cos(2\pi-\alpha),$ $\tan(2\pi-\alpha)$，化为角 α 的正弦、余弦、正切函数吗？

例 1 求下列各三角函数的值：

(1) $\sin\left(-\dfrac{\pi}{6}\right)$;　　(2) $\cos\left(-\dfrac{\pi}{4}\right)$;

(3) $\tan\left(-\dfrac{\pi}{3}\right)$;　　(4) $\sin\left(-\dfrac{7\pi}{3}\right)$.

解　(1) $\sin\left(-\dfrac{\pi}{6}\right)=-\sin\dfrac{\pi}{6}=-\dfrac{1}{2}$;

(2) $\cos\left(-\dfrac{\pi}{4}\right)=\cos\dfrac{\pi}{4}=\dfrac{\sqrt{2}}{2}$;

(3) $\tan\left(-\dfrac{\pi}{3}\right)=-\tan\dfrac{\pi}{3}=-\sqrt{3}$;

(4) $\sin\left(-\dfrac{7\pi}{3}\right)=-\sin\dfrac{7\pi}{3}=-\sin\left(\dfrac{\pi}{3}+2\pi\right)$

$$=-\sin\frac{\pi}{3}=-\frac{\sqrt{3}}{2}.$$

练一练

1. 求下列三角函数值:

(1)$\sin\left(-\dfrac{13\pi}{3}\right)$;　　　(2)$\cos\left(-\dfrac{25\pi}{3}\right)$;　　　(3)$\sin\left(-\dfrac{23\pi}{6}\right)$.

2. 求下列三角函数值:

(1)$\tan\left(-\dfrac{11\pi}{6}\right)$;　　　(2)$\cos\left(-\dfrac{\pi}{6}\right)$;　　　(3)$\sin\left(-\dfrac{\pi}{3}\right)$;

(4)$\cos(-420°)$;　　　(5)$\tan(-750°)$;　　　(6)$\sin\left(-\dfrac{73\pi}{6}\right)$.

3. 化简:

(1)$\dfrac{\cos(\alpha+2\pi)\sin(-\alpha)}{\tan(-2\pi-\alpha)}-\dfrac{\sin(-\alpha-2\pi)\cos(-\alpha)}{\tan(-\alpha)}$;

(2)$\dfrac{\tan(-\alpha)}{\tan(2\pi+\alpha)}+\tan(-\alpha)\tan(\alpha+2\pi)$;

(3)$\cos^2(-\alpha)+\sin(-\alpha)\cos(2\pi+\alpha)\tan(-\alpha)$.

3. 角 α 与 $\alpha\pm\pi$ 的三角函数间的关系

如图 5-13 所示,角 α 与 $\alpha\pm\pi$ 的终边与单位圆分别相交于点 P 与点 P',容易看出,点 P 与点 P' 关于原点对称,它们的坐标互为相反数 $P(x,y)$,$P'(-x,-y)$,

所以 $\sin\alpha=\dfrac{y}{r}=y,\cos\alpha=\dfrac{x}{r}=x$.

而 $\sin(\alpha\pm\pi)=\dfrac{-y}{r}=-y$,$\cos$

$(\alpha\pm\pi)=\dfrac{-x}{r}=-x$.

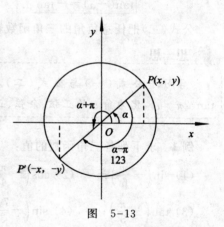

图 5-13

因此 $\sin(\alpha\pm\pi)=-\sin\alpha$;

$\cos(\alpha\pm\pi)=-\cos\alpha$;

$\tan(\alpha\pm\pi)=\dfrac{\sin(\alpha\pm\pi)}{\cos(\alpha\pm\pi)}=\dfrac{-\sin\alpha}{-\cos\alpha}=\tan\alpha$.

归纳上述各式得到公式(三):

$$\begin{array}{|l|}\hline \sin(\alpha\pm\pi)=-\sin\alpha;\\ \cos(\alpha\pm\pi)=-\cos\alpha;\\ \tan(\alpha\pm\pi)=\tan\alpha.\\ \hline\end{array}$$

4. 角 α 与 $\pi-\alpha$ 的三角函数间的关系

如图 5-14 所示,角 α 与 $\pi-\alpha$ 和单位圆分别交于点 P 与点 P',由 P' 与点 P 关于 y 轴对称,可以得到 α 与 $\pi-\alpha$ 之间的三角函数关系:

$$\sin(\pi-\alpha)=\sin\alpha;$$
$$\cos(\pi-\alpha)=-\cos\alpha.$$

即 互为补角的两个角正弦值相等,余弦值互为相反数.

例如:$\sin\dfrac{5\pi}{6}=\sin\dfrac{\pi}{6}=\dfrac{1}{2}$;

$\cos\dfrac{3\pi}{4}=-\cos\dfrac{\pi}{4}=-\dfrac{\sqrt{2}}{2}$.

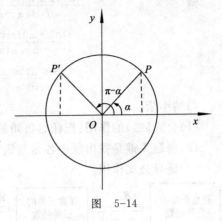

图 5-14

例 2 求下列各三角函数的值:

(1) $\sin\left(-\dfrac{55\pi}{6}\right)$;   (2) $\cos\dfrac{11\pi}{4}$;

(3) $\tan\left(-\dfrac{14\pi}{3}\right)$;   (4) $\sin870°$.

解 (1) $\sin\left(-\dfrac{55\pi}{6}\right)=-\sin\left(\dfrac{\pi}{6}+9\pi\right)$

$$=-\left(-\sin\dfrac{\pi}{6}\right)=\dfrac{1}{2};$$

(2) $\cos\dfrac{11\pi}{4}=\cos\left(-\dfrac{\pi}{4}+3\pi\right)$

$$=\cos\left(\pi-\dfrac{\pi}{4}\right)=-\cos\dfrac{\pi}{4}=-\dfrac{\sqrt{2}}{2};$$

(3) $\tan\left(-\dfrac{14\pi}{3}\right)=\tan\left(\dfrac{\pi}{3}-5\pi\right)$

$$=\tan\dfrac{\pi}{3}=\sqrt{3};$$

(4) $\sin 870°=\sin(-30°+5\times180°)$

$$=\sin(180°-30°)=\sin 30°$$
$$=\dfrac{1}{2}.$$

例 3 化简:

$$\dfrac{\sin(2\pi-\alpha)\tan(\alpha+\pi)\tan(-\alpha-\pi)}{\cos(\pi-\alpha)\tan(3\pi-\alpha)}$$

解　$$\frac{\sin(2\pi-\alpha)\tan(\alpha+\pi)\tan(-\alpha-\pi)}{\cos(\pi-\alpha)\tan(3\pi-\alpha)}$$

$$=\frac{\sin(-\alpha)\tan\alpha\tan(-\alpha)}{-\cos\alpha\tan(-\alpha)}$$

$$=\frac{-\sin\alpha\tan\alpha}{-\cos\alpha}=\tan^2\alpha.$$

归纳小结:

(1)公式(二)的作用:把任意负角的三角函数转化为正角的三角函数.

(2)解题关键是找出题中各角与锐角的关系,转化为求锐角的三角函数值.

(3)诱导公式作用:

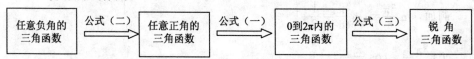

(4)综合应用诱导公式(一)、(二)、(三),适当地改变角的结构,使之符合诱导公式中角的形式,是解决问题的关键.

将 α 看做锐角,加、减偶数倍 π 的位置都在 x 轴正半轴,加、减奇数倍 π 的位置都在 x 轴负半轴.又根据逆时针旋转为正角(+α),顺时针旋转为负角(-α),结合三角函数在各象限内的符号特征根据图像(见图 5-15),可解决在公式记忆中,容易出错的问题,更方便快捷的得出答案.

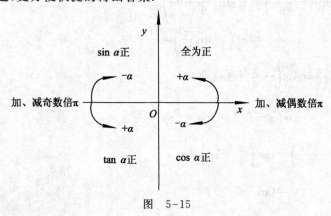

图　5-15

例如:$\sin(-7\pi-\alpha)$.

-7π 属于加、减奇数倍 π,$-\alpha$ 在第二象限 $\sin\alpha$ 为正,

所以 $\sin(-7\pi-\alpha)=\sin\alpha$.

同理:$\cos(9\pi+\alpha)=-\cos\alpha$.

练一练

1. 求下列各三角函数值：

(1) $\tan(-240°)$；　　(2) $\cos(-120°)$；　　(3) $\sin(-120°)$；

(4) $\cos\left(-\dfrac{4\pi}{3}\right)$；　　(5) $\tan\left(\dfrac{7\pi}{6}\right)$；　　(6) $\sin\left(-\dfrac{5\pi}{6}\right)$.

2. 化简

(1) $\dfrac{\tan(3\pi-\alpha)\tan(2\pi-\alpha)}{\sin^2(\pi-\alpha)}-\dfrac{\tan(\pi+\alpha)\sin(-\alpha+\pi)}{\cos(-\alpha+2\pi)}$；

(2) $\dfrac{\sin(\pi-\alpha)}{\cos(-\alpha)\tan(2\pi-\alpha)}$.

5. $\dfrac{\pi}{2}-\alpha$ 的三角函数

在单位圆中，设任意角 α 的终边与单位圆

的交点为 $P(x,y)$，角 $\left(\dfrac{\pi}{2}-\alpha\right)$ 的终边与单位

圆的交点为 $P'(x',y')$，由 P' 与点 P 关于 y

$=x$ 轴对称，可以得到 α 与 $\dfrac{\pi}{2}-\alpha$ 之间的三角

函数关系，如图 5-16 所示.

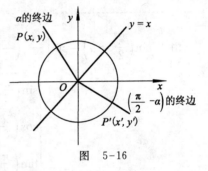

图 5-16

$$x=y', \quad y=x'$$

又根据三角函数的定义

$$\sin\left(\frac{\pi}{2}-\alpha\right)=\frac{y'}{r}=y',$$

$$\cos\alpha=\frac{x}{r}=x,$$

$$\cos\left(\frac{\pi}{2}-\alpha\right)=\frac{x'}{r}=x',$$

$$\sin\alpha=\frac{y}{r}=y.$$

所以，$\sin\left(\dfrac{\pi}{2}-\alpha\right)=\cos\alpha$，$\cos\left(\dfrac{\pi}{2}-\alpha\right)=\sin\alpha$，

从而可推得

$$\tan\left(\frac{\pi}{2}-\alpha\right)=\frac{\sin\left(\frac{\pi}{2}-\alpha\right)}{\cos\left(\frac{\pi}{2}-\alpha\right)}=\frac{\cos\alpha}{\sin\alpha}=\cot\alpha.$$

归纳上述格式,得到公式(四):

$$\sin\left(\frac{\pi}{2}-\alpha\right)=\cos\alpha;$$

$$\cos\left(\frac{\pi}{2}-\alpha\right)=\sin\alpha;$$

$$\tan\left(\frac{\pi}{2}-\alpha\right)=\cot\alpha.$$

想一想

结合公式(二)和公式(三),你会把 $\sin\left(\frac{\pi}{2}+\alpha\right)$,$\cos\left(\frac{\pi}{2}+\alpha\right)$,$\tan\left(\frac{\pi}{2}+\alpha\right)$,化为角 α 的三角函数吗?

由于 $\sin\left(\dfrac{\pi}{2}+\alpha\right)=\sin\left[\pi-\left(\dfrac{\pi}{2}-\alpha\right)\right]$ 得到公式(五)

$$\sin\left(\frac{\pi}{2}+\alpha\right)=\cos\alpha;$$

$$\cos\left(\frac{\pi}{2}+\alpha\right)=-\sin\alpha;$$

$$\tan\left(\frac{\pi}{2}+\alpha\right)=-\cot\alpha.$$

$\dfrac{\pi}{2}\pm\alpha$ 的正弦(余弦)函数值,分别等于 α 的余弦(正弦)函数值,前面加上一个把 α 看做锐角时对应的三角函数值的符号.

例4 求下列各三角函数值:

(1)$\sin 120°$; (2)$\cos 135°$; (3)$\tan\dfrac{2\pi}{3}$; (4)$\sin^2 62°+\sin^2 28°$.

解 (1) $\sin 120°=\sin[90°-(-30°)]$

$$=\cos(-30°)=\cos 30°$$

$$=\frac{\sqrt{3}}{2}.$$

(2) $\cos 135°=\cos[90°-(-45°)]$

$$=\sin(-45°)=-\sin 45°=-\frac{\sqrt{2}}{2}.$$

(3)$\tan\dfrac{2\pi}{3}=\tan\left[\dfrac{\pi}{2}-\left(-\dfrac{\pi}{6}\right)\right]=\cot\left(-\dfrac{\pi}{6}\right)$

$$= \frac{1}{\tan\left(-\dfrac{\pi}{6}\right)} = -\frac{1}{\tan\dfrac{\pi}{6}}$$

$$= -\sqrt{3}.$$

$$(4)\sin^2 62° + \sin^2 28° = \sin^2(90° - 28°) + \sin^2 28°$$
$$= \cos^2 28° + \sin^2 28° = 1.$$

例 5　化简：$\sin^2(\alpha + 30°) + \sin^2(60° - \alpha) - \tan(45° + \alpha)\tan(45° - \alpha)$

解　原式 $= \sin^2(\alpha + 30°) + \sin^2[90° - (30° + \alpha)] -$
$$\tan(45° + \alpha)\tan[90° - (45° + \alpha)]$$
$$= \sin^2(\alpha + 30°) + \cos^2(30° + \alpha) - \tan(45° + \alpha)\cot(45° + \alpha)$$
$$= 1 - 1 = 0.$$

练　习

1.将下列三角函数化为 $0 \sim \dfrac{\pi}{4}$ 之间的三角函数：

(1)$\sin 85°$;　(2)$\cos\dfrac{\pi}{3}$;　(3)$\tan 110°$.

2.化简：

(1)$\tan 10° \cdot \tan 80°$;　(2)$\sin^2 10° + \sin^2 80°$.

5.2.2　和角公式

1. 两角和与差的余弦

我们先来思考这样一个问题，如果 α, β 是两个任意角，等式 $\cos(\alpha - \beta) = \cos\alpha - \cos\beta$ 成立吗？为了得到这个问题的结论，设 $\alpha = \dfrac{\pi}{2}, \beta = \dfrac{\pi}{3}$，则 $\cos\left(\dfrac{\pi}{2} - \dfrac{\pi}{3}\right)$ $= \cos\dfrac{\pi}{6} = \dfrac{\sqrt{3}}{2}, \cos\dfrac{\pi}{2} - \cos\dfrac{\pi}{3} = 0 - \dfrac{1}{2}$ 显然 $\cos\left(\dfrac{\pi}{2} - \dfrac{\pi}{3}\right) \neq \cos\dfrac{\pi}{2} - \cos\dfrac{\pi}{3}$. 因此，我们说，一般的，两个角的差的余弦不等于这两个角的余弦的差.

想一想

认为 $\cos(\alpha - \beta) = \cos\alpha - \cos\beta$ 成立的错误想法是怎样产生的？

既然，一般的 $\cos(\alpha - \beta) \neq \cos\alpha - \cos\beta$，那么 $\cos(\alpha - \beta)$ 与单角 α, β 的三角函数到底有什么关系呢？我们来证明这样一个重要公式

$$\cos(\alpha - \beta) = \cos\alpha\cos\beta + \sin\alpha\sin\beta$$

证明 如图 5-17 所示，在直角坐标系 xOy 内,做单位圆 O,以 O 为顶点,x 轴的的正半轴为始边,做任意角 α,β 和 $\alpha-\beta$ 角,它们的始边与单位圆的交点为 $P_0(1,0)$,终边与单位圆的交点分别为:

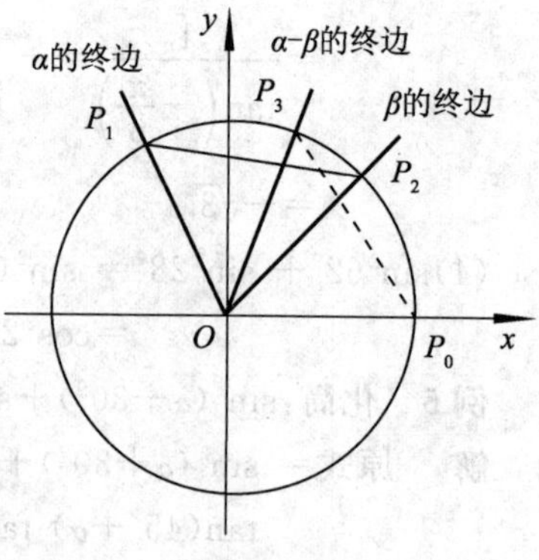

$$P_1(\cos\alpha\ ,\sin\alpha)$$
$$P_2(\cos\beta,\ \sin\beta)$$
$$P_3(\cos(\alpha-\beta),\sin(\alpha-\beta))$$

图 5-17

由两点距离公式,得

$$|P_0P_3|^2=[\cos(\alpha-\beta)-1]^2+[\sin(\alpha-\beta)-0]^2$$
$$=\cos^2(\alpha-\beta)-2\cos(\alpha-\beta)+\sin^2(\alpha-\beta)$$
$$=2-2\cos(\alpha-\beta),$$

$$|P_2P_1|^2=(\cos\alpha-\cos\beta)^2+(\sin\alpha-\sin\beta)^2$$
$$=\cos^2\alpha-2\cos\alpha\cos\beta+\cos^2\beta+\sin^2\alpha-2\sin\alpha\sin\beta+\sin^2\beta$$
$$=2-2(\cos\alpha\cos\beta+\sin\alpha\sin\beta),$$

又由 $|P_0P_3|=|P_2P_1|$,所以有

$$2-2\cos(\alpha-\beta)=2-2(\cos\alpha\cos\beta+\sin\alpha\sin\beta),$$

所以 $\cos(\alpha-\beta)=\cos\alpha\cos\beta+\sin\alpha\sin\beta.$

在上面公式中,如果用 $-\beta$ 代替 β,就得到

$$\cos[\alpha-(-\beta)]=\cos\alpha\cos(-\beta)+\sin\alpha\sin(-\beta)$$
$$=\cos\alpha\cos\beta-\sin\alpha\sin\beta,$$

即 $\cos(\alpha+\beta)=\cos\alpha\cos\beta-\sin\alpha\sin\beta.$

于是我们得到

$$\boxed{\cos(\alpha\pm\beta)=\cos\alpha\cos\beta\mp\sin\alpha\sin\beta}$$

这两个公式分别用 $C_{\alpha+\beta}$ 与 $C_{\alpha-\beta}$ 表示,并把它们称作余弦加法定理.

为了正确应用余弦加法定理,记忆公式尤为重要记忆公式必须掌握公式的特征,请读者从下述三个方面归纳余弦加法定理的机构特征:

(1)函数名称和角的结合状况;

(2)排列顺序;

(3)运算符号.

例 6 不查表,求 $\cos 15°$ 和 $\cos 105°$ 的值.(正用公式)

分析 在前面学习中,我们把特殊角,如 $0°,30°,45°,60°,90°,\cdots\cdots$ 的求值问题已经解决,而特殊角的求值则要依赖计算器计算或查表.在学习了余弦加法定理后,能否把 $15°,105°$ 这样的非特殊角的求值问题转化成上述特殊角的和或差,从而使问题得到解决呢?

明显有,$15°=45°-30°=60°-45°;105°=60°+45°$.

解法 1:$\cos 15°=\cos(45°-30°)=\cos 45°\cos 30°+\sin 45°\sin 30°$

$$=\frac{\sqrt{2}}{2}\cdot\frac{\sqrt{3}}{2}+\frac{\sqrt{2}}{2}\cdot\frac{1}{2}=\frac{\sqrt{6}+\sqrt{2}}{4}.$$

解法 2:$\cos 15°=\cos(60°-45°)$

$=$① _____

$=$② _____

$=$③ _____,

$\cos 105°=(60°+45°)$

$=$④ _____

$=$⑤ _____

$=$⑥ _____.

答案　①$\cos 60°\cos 45°+\sin 60°\sin 45°$

②$\frac{1}{2}\cdot\frac{\sqrt{2}}{2}+\frac{\sqrt{3}}{2}\cdot\frac{\sqrt{2}}{2}$;

③$\frac{\sqrt{6}+\sqrt{2}}{4}$;

④$\cos 60°\cos 45°-\sin 60°\sin 45°$;

⑤$\frac{1}{2}\cdot\frac{\sqrt{2}}{2}-\frac{\sqrt{3}}{2}\cdot\frac{\sqrt{2}}{2}$;

⑥$\frac{\sqrt{6}+\sqrt{2}}{4}$.

例 7　已知 $\cos\alpha=-\frac{4}{5}$, $\alpha\in\left(\frac{\pi}{2},\pi\right)$,求 $\cos\left(\frac{\pi}{6}+\alpha\right)$, $\cos\left(\frac{\pi}{6}-\alpha\right)$的值.

分析　由 $\cos\left(\frac{\pi}{6}\pm\alpha\right)$的值涉及到 $\cos\alpha,\cos\frac{\pi}{6},\sin\alpha,\sin\frac{\pi}{6}$,因此需要先求出

$\sin\alpha$ 的值.

解　由 $\cos\alpha=-\frac{4}{5}$, $\alpha\in\left(\frac{\pi}{2},\pi\right)$,得 $\sin\alpha=\frac{3}{5}$

所以 $\cos\left(\frac{\pi}{6}+\alpha\right)=\cos\frac{\pi}{6}\cos\alpha-\sin\frac{\pi}{6}\sin\alpha$

$$=\frac{\sqrt{3}}{2}\cdot\left(-\frac{4}{5}\right)-\frac{1}{2}\cdot\frac{3}{5}$$

$$=-\frac{4\sqrt{3}+3}{10}$$

$$\cos\left(\frac{\pi}{6}-\alpha\right) = \underline{\hspace{6cm}} \quad ①$$
$$= \underline{\hspace{6cm}} \quad ②$$
$$= \underline{\hspace{6cm}} \quad ③$$

答案 ①$\cos\dfrac{\pi}{6}\cdot\cos\alpha+\sin\dfrac{\pi}{6}\cdot\sin\alpha$；②$\dfrac{\sqrt{3}}{2}\cdot\left(-\dfrac{4}{5}\right)+\dfrac{1}{2}\cdot\dfrac{3}{5}$；③$\dfrac{3-4\sqrt{3}}{10}$.

例8 化简:(反用公式)

(1)$\cos(\alpha+\beta)\cos\beta+\sin(\alpha+\beta)\sin\beta$；

(2)$\sin(x+y)\sin(x-y)-\cos(x+y)\cos(x-y)$.

解 (1)$\cos(\alpha+\beta)\cos\beta+\sin(\alpha+\beta)\sin\beta$

$\qquad =\cos(\alpha+\beta-\beta)=\cos\alpha$；

(2)$\sin(x+y)\sin(x-y)-\cos(x+y)\cos(x-y)$

$\qquad =-[\cos(x+y)\cos(x-y)-\sin(x+y)\sin(x-y)]$

$\qquad =-\cos(x+y+x-y)$

$\qquad =-\cos 2x$.

说明 不但要会正向使用余弦加法定理,同时也要学会反向使用.

练一练

1. 不查表,求下列各式的值:

(1)$\cos 80°\cos 20°+\sin 80°\sin 20°$；　　(2)$\sin 85°\sin 65°-\cos 85°\cos 65°$.

(3)$\cos 75°$；　　(4)$\cos\left(-\dfrac{65}{12}\pi\right)$；

(5)$\cos 100°\cos 20°-\sin 100°\sin 20°$；　　(6)$\cos 63°\cos 33°+\sin 63°\cos 57°$.

2. 选择题:

(1)$\cos 105°\cos 45°+\sin 105°\sin 45°$的值是(　　)；

A. $\dfrac{\sqrt{3}}{2}$　　　　B. $\dfrac{1}{2}$　　　　C. $\dfrac{\sqrt{2}}{2}$　　　　D. $-\dfrac{1}{2}$

(2)$\cos(\alpha+\beta)\cos\beta+\sin(\alpha+\beta)\sin\beta$的化简结果是(　　).

A. $\cos\alpha$　　　　B. $\cos\beta$　　　　C. $\sin\alpha$　　　　D. $\sin\alpha\cdot\sin\beta$

3. 已知$\sin\alpha=\dfrac{24}{25},a\in\left(\dfrac{\pi}{2},\pi\right)$,求$\cos\left(\dfrac{\pi}{3}-\alpha\right)$的值.

4. 已知$\cos\theta=-\dfrac{3}{5},\theta\in\left(\pi,\dfrac{3\pi}{2}\right)$,求$\cos\left(\theta+\dfrac{\pi}{6}\right)$的值.

2. 两角和与差的正弦

前面我们已经证明,对任意角 x,都有 $\sin x = \cos\left(\dfrac{\pi}{2} - x\right)$. 为了推导两角和的

正弦公式,不妨设 $x = \alpha + \beta$,从而将 $\sin(\alpha + \beta)$ 变形为差角的余弦,然后用余弦加法

定理去解决.

$$
\begin{aligned}
\sin(\alpha + \beta) &= \cos\left[\frac{\pi}{2} - (\alpha + \beta)\right] \\
&= \cos\left[\left(\frac{\pi}{2} - \alpha\right) - \beta\right] \\
&= \cos\left(\frac{\pi}{2} - \alpha\right)\cos\beta + \sin\left(\frac{\pi}{2} - \alpha\right)\sin\beta \\
&= \sin\alpha\cos\beta + \cos\alpha\sin\beta.
\end{aligned}
$$

从上面的推导可得到启发,我们不难推导出

$$
\sin(\alpha - \beta) = \sin\alpha\cos\beta - \cos\alpha\sin\beta,
$$

于是,我们得到

$$
\boxed{\sin(\alpha \pm \beta) = \sin\alpha\cos\beta \pm \cos\alpha\sin\beta}
$$

小结:

(1)这两个公式分别用 $S_{\alpha+\beta}$ 与 $S_{\alpha-\beta}$ 表示,并把它们称做正弦加法定理.

(2)请同学们仿照余弦加法定理的学习方法,分析正弦加法定理的公式特征.

(3)同样,对于正弦加法定理的公式,也要掌握它的正向和反向应用.

例 9　不查表,求 $\sin 75°$ 的值.（正用公式）

解　$\sin 75° = \sin(45° + 30°)$

$= \underline{\hspace{5cm}}$ ①

$= \underline{\hspace{5cm}}$ ②

$= \underline{\hspace{5cm}}$ ③.

答案　①$\sin 45°\cos 30° + \cos 45°\sin 30°$;　②$\dfrac{\sqrt{2}}{2}\cdot\dfrac{\sqrt{3}}{2} + \dfrac{\sqrt{2}}{2}\cdot\dfrac{1}{2}$;　③$\dfrac{\sqrt{6}+\sqrt{2}}{4}$.

练一练

求 $\sin 15°$ 的值.

例 10　已知 $\cos\varphi = \dfrac{8}{17},\varphi\in\left(0,\dfrac{\pi}{2}\right)$,求 $\sin\left(\dfrac{\pi}{3} - \varphi\right)$ 和 $\sin(\varphi - \pi)$ 的值

解　因为 $\cos\varphi = \dfrac{8}{17},\varphi\in\left(0,\dfrac{\pi}{2}\right)$,所以 $\sin\varphi = \dfrac{15}{17}$.

所以 $\sin\left(\dfrac{\pi}{3} - \varphi\right) = \sin\dfrac{\pi}{3}\cos\varphi - \cos\dfrac{\pi}{3}\sin\varphi = \dfrac{\sqrt{3}}{2}\cdot\dfrac{8}{17} - \dfrac{1}{2}\cdot\dfrac{15}{17} = \dfrac{8\sqrt{3}-15}{34}$,

$$\sin(\varphi - \pi) = -\sin \varphi = -\frac{15}{17}.$$

例 11　化简:

解　$(1)\sin(\alpha - \beta)\cos \beta + \cos(\alpha - \beta)\sin \beta;$

$\quad\quad = \sin(\underline{\hspace{5cm}})①$

$\quad\quad = \underline{\hspace{6cm}}②$

$(2)\sin 32°\cos 62° - \cos 32°\sin 118°$

$\quad\quad = \underline{\hspace{5cm}}①$

$\quad\quad = \underline{\hspace{5cm}}②$

$\quad\quad = \underline{\hspace{5cm}}③$

$\quad\quad = \underline{\hspace{5cm}}④$

答案:$(1)①\alpha - \beta + \beta;$　　$②\sin \alpha.$

$(2)①\sin 32°\cos 62° - \cos 32°\sin 62°;②\sin(32° - 62°);③\sin(-30°);④-\frac{1}{2}.$

例 12　将下列函数化成一个三角函数的形式:(反用公式)

$(1)\frac{1}{2}\cos x + \frac{\sqrt{3}}{2}\sin x;$　　　　$(2)\cos x - \sqrt{3}\sin x.$

分析　解第(1)小题的关键应该是将 $\frac{1}{2}$ 和 $\frac{\sqrt{3}}{2}$ 分别化成同一个特殊角的正弦值和余弦值,使原式变成符合两角和正弦公式特征的式子,然后逆向应用公式即可. 第(2)小题的解答可以从第(1)小题中得到启发,这里是把 $\cos x$ 及 $\sin x$ 前的系数化成同一个特殊角的正弦值和余弦值的相同倍数后再求解.

解　(1)原式 $= \sin \frac{\pi}{6}\cos x + \cos \frac{\pi}{6}\sin x$

$$= \sin\left(\frac{\pi}{6} + x\right);$$

(2)原式 $= 2\sin \frac{\pi}{6}\cos x - 2\cos \frac{\pi}{6}\sin x$

$$= 2\left(\sin \frac{\pi}{6}\cos x - \cos \frac{\pi}{6}\sin x\right) = 2\sin\left(\frac{\pi}{6} - x\right).$$

说明　如果将 $\frac{1}{2},\sqrt{3}$ 分别化成 $\cos \frac{\pi}{3},\sin \frac{\pi}{3}$,那么所得的结果与上面的结果尽管形式不同,但两种结果可以互相转换.

练一练

1. 将下列函数化成一个三角函数的形式:

(1) $\sin\alpha + \cos\alpha$;　　(2) $5\sin\alpha + 5\cos\alpha$;　　(3) $\sin\alpha - \cos\alpha$;

(4) $4\sin\alpha - 4\cos\alpha$;　　(5) $\sqrt{3}\sin\alpha - \cos\alpha$;　　(6) $\sin\alpha + \sqrt{3}\cos\alpha$.

2. 不查表,求下列函数的值:

(1) $\sin 165°$;　　　　　　　　　(2) $\sin\left(-\dfrac{7}{12}\pi\right)$;

(3) $\sin 26°\cos 19° + \cos 26°\sin 19°$;　　(4) $\sin 53°\cos 83° - \cos 53°\sin 97°$.

3. 选择题:

(1) $\sin(\alpha+\beta)\cos\beta - \cos(\alpha+\beta)\sin\beta$ 可化简为(　　).

A. $\sin\alpha$　　　　　B. $\sin\beta$　　　　　C. $\cos\alpha$　　　　　D. $\sin\alpha\cos\beta$

(2) $\cos\alpha - \sqrt{3}\sin\alpha$ 可化为(　　).

A. $\sin(30° - \alpha)$　　B. $\dfrac{1}{2}\sin(30 - \alpha)$　　C. $2\sin(30° - \alpha)$　　D. $2\sin(30° + \alpha)$

4. 已知 $\cos\theta = -\dfrac{3}{5}$,$\theta\in\left(\dfrac{\pi}{2}, \pi\right)$,求 $\sin\left(\theta + \dfrac{\pi}{6}\right)$ 的值.

5. 已知 $\sin\alpha = \dfrac{3}{5}$,$\cos\beta = -\dfrac{5}{13}$,且 α,β 都是第二象限的角,求 $\sin(\alpha-\beta)$ 及 $\sin(\alpha+\beta)$ 的值.

3. 两角和与差的正切

根据正切函数与正弦、余弦函数之间的关系,同时利用正弦和余弦的加法定理,我们可以推得两角和与差的正切公式.

$$\tan(\alpha+\beta) = \frac{\sin(\alpha+\beta)}{\cos(\alpha+\beta)} = \frac{\sin\alpha\cos\beta + \cos\alpha\sin\beta}{\cos\alpha\cos\beta - \sin\alpha\sin\beta}.$$

为了使结果只含有 $\tan\alpha$ 和 $\tan\beta$,应把最后的分式的分子和分母同时除以 $\cos\alpha\cos\beta$($\cos\alpha\cos\beta \neq 0$)得

$$\tan(\alpha+\beta) = \frac{\dfrac{\sin\alpha}{\cos\alpha} + \dfrac{\sin\beta}{\cos\beta}}{1 - \dfrac{\sin\alpha}{\cos\alpha}\cdot\dfrac{\sin\beta}{\cos\beta}} = \frac{\tan\alpha + \tan\beta}{1 - \tan\alpha\tan\beta}.$$

所以 $\tan(\alpha+\beta) = \dfrac{\tan\alpha + \tan\beta}{1 - \tan\alpha\tan\beta}$.

我们还可以推得

$$\tan(\alpha-\beta) = \frac{\tan\alpha - \tan\beta}{1 + \tan\alpha\tan\beta}.$$

于是，我们得到

$$\tan(\alpha\pm\beta)=\frac{\tan\alpha\pm\tan\beta}{1\mp\tan\alpha\tan\beta}$$

这两个公式分别用 $T_{\alpha+\beta}$ 与 $T_{\alpha-\beta}$ 表示，并把他们称作正切加法定理.

应该注意，以上公式中的 α,β 必须是使 $\alpha,\beta,\alpha+\beta,\alpha-\beta$ 的正切都有意义的角，即 $\alpha,\beta,\alpha\pm\beta$ 都不能取 $\frac{\pi}{2}+k\pi(k\in\mathbf{Z})$.

 想一想

可以使用公式 $T_{\alpha-\beta}$ 计算 $\tan\left(\dfrac{\pi}{2}-\alpha\right)$ 吗？为什么？

例 13 不查表，求 $\tan 15°$ 的值.（正用公式）

解法 1：$\tan 15°=\tan(45°-30°)$

$$=\frac{\tan 45°-\tan 30°}{1+\tan 45°\cdot\tan 30°}=\frac{1-\frac{\sqrt3}{3}}{1+\frac{\sqrt3}{3}}$$

$$=\frac{3-\sqrt3}{3+\sqrt3}=2-\sqrt3.$$

解法 2：$\tan 15°=\tan(60°-45°)=$ ＿＿＿＿ ① ＿＿ $=$ ＿＿＿＿ ② $=$ ＿＿＿

③ ＿＿＿＿ .

答案 ① $\dfrac{\tan 60°-\tan 45°}{1+\tan 60°\tan 45°}$；② $\dfrac{\sqrt3-1}{1+\sqrt3}$；③ $2-\sqrt3$.

说明 $15°,75°$ 都可以用特殊角的和、差表示，于是使用变换公式就可以求出它们的三角函数的数值：

$$\sin 15°=\frac{\sqrt6-\sqrt2}{4},\cos 15°=\frac{\sqrt6+\sqrt2}{4},\tan 15°=2-\sqrt3;$$

$$\sin 75°=\frac{\sqrt6+\sqrt2}{4},\cos 75°=\frac{\sqrt6-\sqrt2}{4},\tan 75°=2+\sqrt3.$$

例 14 计算：（反用公式）

(1) $\dfrac{\tan 23°+\tan 22°}{1-\tan 23°\tan 22°}$； (2) $\dfrac{1-\tan 75°}{1+\tan 75°}$.

分析 解决第(1)小题的关键在于将算式与正切加法定理公式联系起来，逆向应用公式 $T_{\alpha+\beta}$. 第(2)小题应能吧分子 $1-\tan 75°$ 看做为 $\tan 45°-\tan 75°$，而把分母 $1+\tan 75°$ 看做为 $1+\tan 45°\cdot\tan 75°$，于是，原式便可化作 $\dfrac{\tan 45°-\tan 75°}{1+\tan 45°\tan 75°}$，

逆向应用公式,问题便迎刃而解.

解　(1)原式 $=\tan(23°+22°)$

$\qquad\qquad =\tan 45°$

$\qquad\qquad =1$;

(2)原式 $=\dfrac{\tan 45°-\tan 75°}{1+\tan 45°\cdot\tan 75°}$

$\qquad\qquad =\tan(45°-75°)$

$\qquad\qquad =\tan(-30°)$

$\qquad\qquad =-\tan 30°$

$\qquad\qquad =\dfrac{-\sqrt{3}}{3}$.

练一练

仿照例 2,化简下列各式,并总结化简的规律:

(1) $\dfrac{1+\tan\alpha}{1-\tan\alpha}$;　　(2) $\dfrac{1-\tan\alpha}{1+\tan\alpha}$;　　(3) $\dfrac{\tan\alpha+1}{\tan\alpha-1}$;　　(4) $\dfrac{\tan\alpha-1}{\tan\alpha+1}$.

例 15　设 $\tan\alpha,\tan\beta$ 是二次方程 $3x^2-2x-4=0$ 的两个根,求 $\tan(\alpha+\beta)$ 的值.(联合应用)

分析　由于公式 $\tan(\alpha+\beta)=\dfrac{\tan\alpha+\tan\beta}{1-\tan\alpha\tan\beta}$ 中,除了常数 1 以外,只含有 $\tan\alpha+\tan\beta,\tan\alpha\cdot\tan\beta$,所以当已知 $\tan\alpha,\tan\beta$ 是某一个一元二次方程的两个实根时,$\tan(\alpha+\beta)$ 就可以用这个方程的系数来表示.

解　因为 $\tan\alpha,\tan\beta$ 是二次方程 $3x^2-2x-4=0$ 的两个根,

所以 $\tan\alpha+\tan\beta=\dfrac{2}{3}$,$\tan\alpha\cdot\tan\beta=-\dfrac{4}{3}$.

又 $\tan(\alpha+\beta)=\dfrac{\tan\alpha+\tan\beta}{1-\tan\alpha\tan\beta}$,

所以 $\tan(\alpha+\beta)=\dfrac{\dfrac{2}{3}}{1-\left(-\dfrac{4}{3}\right)}=\dfrac{2}{7}$.

说明　已知 $\tan\alpha$ 及 $\tan\beta$ 的值或已知 $\tan\alpha+\tan\beta$ 及 $\tan\alpha\cdot\tan\beta$ 的值都可以求出 $\tan(\alpha+\beta)$ 的值.而已知 $\tan\alpha+\tan\beta$ 及 $\tan\alpha\cdot\tan\beta$ 的值,求 $\tan(\alpha+\beta)$ 的值则运用了整体变形方法.

例 16　在非直角 $\triangle ABC$ 中,证明:$\tan A+\tan B+\tan C=\tan A\tan B\tan C$.(变形应用)

分析 和差角的正切公式 $\tan(\alpha \pm \beta) = \dfrac{\tan \alpha \pm \tan \beta}{1 \mp \tan \alpha \tan \beta}$,可以变形成为下述形式后加以使用

$$\tan \alpha + \tan \beta = \tan(\alpha + \beta)(1 - \tan \alpha \tan \beta);$$

$$\tan \alpha - \tan \beta = \tan(\alpha - \beta)(1 + \tan \alpha \tan \beta).$$

证明 左边 $= \tan(A+B)(1 - \tan A + \tan B) + \tan C$

$= -\tan C(1 - \tan A \tan B) + \tan C$

$= -\tan C + \tan A \tan B \tan C + \tan C$

$= \tan A \tan B \tan C = $ 右边.

所以等式成立.

说明 在证明过程中,使用了诱导公式:

$\tan(A+B) = \tan(180° - C)$

$\qquad = -\tan C$(因为 $\angle A + \angle B + \angle C = 180°$).

练一练

求值 $\tan 10° + \tan 50° + \sqrt{3} \tan 10° \tan 50°$

解 原式 $= ($ _____ $)$① $+ \sqrt{3} \tan 10° \tan 50°$

$= \tan(10° + 50°)($ _____ $)$② $+ \sqrt{3} \tan 10° \tan 50°$

$= $ _____ ③ $+ \sqrt{3} \tan 10° \tan 50°$

$= $ _____ ④ $= $ _____ ⑤.

答案 ① $\tan 10° + \tan 50°$; ② $1 - \tan 10° \tan 50°$; ③ $\tan 60° - \tan 60° \tan 10° \tan 50°$; ④ $\sqrt{3} - \sqrt{3} \tan 10° \tan 50° + \sqrt{3} \tan 10° \tan 50°$; ⑤ $\sqrt{3}$.

练 习

1. 不查表,求下列各函数的值:

(1) $\tan 165°$;   (2) $\tan 105°$.

2. 已知 $\tan \alpha = 5$,$\tan \beta = 2$,求 $\tan(\alpha - \beta)$.

3. 不查表,求下列各式的值.

(1) $\dfrac{1 - \tan 15°}{1 + \tan 15°}$;   (2) $\dfrac{\sqrt{3} - \tan 15°}{1 + \sqrt{3} \tan 15°}$.

5.2.3　倍角公式

如果 α 是任意角,等式 $\sin 2\alpha = 2\sin \alpha$ 成立吗? 设 $\alpha = \dfrac{\pi}{6}$,则 $\sin\left(2 \times \dfrac{\pi}{6}\right) = \sin$

$\dfrac{\pi}{3} = \dfrac{\sqrt{3}}{2}$,而 $2\sin \dfrac{\pi}{6} = 2 \times \dfrac{1}{2} = 1$. 由此可见,一般地,$\sin 2\alpha \neq 2\sin \alpha$. 同样地,当 α 为

任意角时,一般地,$\cos 2\alpha \neq 2\cos \alpha$,$\tan 2\alpha \neq 2\tan \alpha$.

那么二倍角的正弦、余弦和正切公式应具有怎有的形式呢?

我们只需在两角和正弦、余弦和正切公式

$$\sin(\alpha+\beta) = \sin \alpha\cos \beta + \cos \alpha\sin \beta,$$

$$\cos(\alpha+\beta) = \cos \alpha\cos \beta - \sin \alpha\sin \beta,$$

$$\tan(\alpha+\beta) = \frac{\tan \alpha + \tan \beta}{1 - \tan \alpha\tan \beta}$$

中,设 $\beta = \alpha$,就可以得到相应的二倍角的正弦、余弦和正切公式,即

$$\sin 2\alpha = 2\sin \alpha\cos \alpha, \tag{$S_{2\alpha}$}$$

$$\cos 2\alpha = \cos^2\alpha - \sin^2\alpha, \tag{$C_{2\alpha}$}$$

$$\tan 2\alpha = \frac{2\tan \alpha}{1 - \tan^2\alpha}\text{(其中 } \alpha,2\alpha \text{ 都不等于 } k\pi + \frac{\pi}{2}, \text{且 } \alpha \neq k\pi + \frac{\pi}{4}, k \in \mathbf{Z}) \tag{$T_{2\alpha}$}$$

应该特别注意公式 $C_{2\alpha}$ 还有以下两种表达形式,即

$$\cos 2\alpha = 1 - 2\sin^2\alpha;$$

$$\cos 2\alpha = 2\cos^2\alpha - 1.$$

现将二倍角的正弦、余弦和正切公式归纳如下:

$$\boxed{\begin{aligned} &\sin 2\alpha = 2\sin \alpha\cos \alpha \\ &\cos 2\alpha = \cos^2\alpha - \sin^2\alpha \\ &\qquad\quad = 2\cos^2\alpha - 1 = 1 - 2\sin^2\alpha \\ &\tan 2\alpha = \frac{2\tan \alpha}{1 - \tan^2\alpha} \end{aligned}}$$

利用 $S_{2\alpha}$,$C_{2\alpha}$,$T_{2\alpha}$ 公式,可以用单角的三角函数表示二倍角的三角函数.

在上述公式中,有两点值得注意:

(1)在掌握二倍角三角函数公式的特征的同时,要掌握二倍角三角函数公式与两个角和的三角函数公式之间的联系.

(2)二倍角三角函数公式表示了一个角的三角函数和它的二倍的角的三角函数间的关系,它不仅适用于 2α 与 α,其他如 4α 与 2α,α 与 $\dfrac{\alpha}{2}$ 或 $\dfrac{\alpha}{2}$ 与 $\dfrac{\alpha}{4}$ 等也都适用.

练一练

试在下列各式的括号内,填入适当的角:

(1) $\sin 4\alpha = 2\sin(\quad)\cos(\quad)$;

(2) $\sin \alpha = 2\sin(\quad)\cos(\quad)$;

(3) $\cos 6\alpha = \cos^2(\quad) - \sin^2(\quad) = 1 - 2\sin^2(\quad)$;

(4) $\cos^2 5\alpha - \sin^2 5\alpha = \cos(\quad)$;

(5) $\dfrac{2\tan 2\alpha}{1 - \tan^2 2\alpha} = \tan(\quad)$;

(6) $\sin(\quad) = 2\sin \dfrac{3\alpha}{2}\cos \dfrac{3\alpha}{2}$.

1. 二倍角正弦公式

例 17 已知 $\cos \alpha = -\dfrac{3}{5}$, $\alpha \in \left(\dfrac{\pi}{2}, \pi\right)$, 求 $\sin 2\alpha$ 的值, 如

图 5-18 所示.(正用公式)

解 因为 $\cos \alpha = -\dfrac{3}{5}$, $\alpha \in \left(\dfrac{\pi}{2}, \pi\right)$,

所以 $\sin \alpha = \dfrac{4}{5}$.

所以 $\sin 2\alpha = 2\sin \alpha\cos \alpha$

$$= 2 \times \dfrac{4}{5} \times \left(-\dfrac{3}{5}\right) = -\dfrac{24}{25}.$$

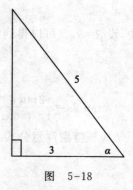

图 5-18

例 18 化简:(反用公式)

(1) $\sin 15°\cos 15°$; (2) $-3\sin \dfrac{\pi}{8}\cos \dfrac{\pi}{8}$.

解 (1) $\sin 15°\cos 15° = \dfrac{1}{2} \times 2\sin 15°\cos 15° = \dfrac{1}{2}\sin(2 \times 15°) = \dfrac{1}{2}\sin 30° = \dfrac{1}{4}$;

(2) $-3\sin \dfrac{\pi}{8}\cos \dfrac{\pi}{8} = -\dfrac{3}{2} \times 2\sin \dfrac{\pi}{8}\cos \dfrac{\pi}{8} = -\dfrac{3}{2}\sin\left(2 \times \dfrac{\pi}{8}\right) = -\dfrac{3}{2}\sin \dfrac{\pi}{4} = -\dfrac{3\sqrt{2}}{4}$.

例 19 化简 $\sin \alpha\cos \alpha\cos 2\alpha\cos 4\alpha$.

解 $\sin \alpha\cos \alpha\cos 2\alpha\cos 4\alpha$

$$= \dfrac{1}{2} \times (2\sin \alpha\cos \alpha)\cos 2\alpha\cos 4\alpha$$

$$= \dfrac{1}{2}\sin 2\alpha\cos 2\alpha\cos 4\alpha = \dfrac{1}{4} \times (2\sin 2\alpha\cos 2\alpha)\cos 4\alpha$$

$$= \dfrac{1}{4}\sin 4\alpha\cos 4\alpha = \dfrac{1}{8} \times (2\sin 4\alpha\cos 4\alpha) = \dfrac{1}{8}\sin 8\alpha.$$

例 20　求值:(变换应用)

(1)$\cos\dfrac{\pi}{5}\cos\dfrac{2\pi}{5}$;　(2)$\cos\dfrac{\pi}{7}\cos\dfrac{2\pi}{7}\cos\dfrac{3\pi}{7}$.

分析　利用 $\cos\alpha=\dfrac{\sin 2\alpha}{2\sin\alpha}$ 化简.

解　(1)$\cos\dfrac{\pi}{5}\cos\dfrac{2\pi}{5}=\dfrac{\sin\dfrac{2\pi}{5}}{2\sin\dfrac{\pi}{5}}\cdot\dfrac{\sin\dfrac{4\pi}{5}}{2\sin\dfrac{2\pi}{5}}$.

因为 $\sin\dfrac{\pi}{5}=\sin\dfrac{4\pi}{5}$,

所以 $\cos\dfrac{\pi}{5}\cos\dfrac{2\pi}{5}=\dfrac{1}{4}$.

(2)$\cos\dfrac{\pi}{7}\cos\dfrac{2\pi}{7}\cos\dfrac{3\pi}{7}=\dfrac{\sin\dfrac{2\pi}{7}}{2\sin\dfrac{\pi}{7}}\cdot\dfrac{\sin\dfrac{4\pi}{7}}{\sin\dfrac{2\pi}{7}}\cdot\dfrac{\sin\dfrac{6\pi}{7}}{2\sin\dfrac{3\pi}{7}}$,

因为 $\sin\dfrac{\pi}{7}=\sin\dfrac{6\pi}{7}$,$\sin\dfrac{4\pi}{7}=\sin\dfrac{3\pi}{7}$,

所以 $\cos\dfrac{\pi}{7}\cos\dfrac{2\pi}{7}\cos\dfrac{3\pi}{7}=\dfrac{1}{8}$.

练一练

(1)$\cos\dfrac{\pi}{3}=$ _____ ;

(2)$\cos\dfrac{\pi}{5}\cos\dfrac{2\pi}{5}=$ _____ ;

(3)$\cos\dfrac{\pi}{7}\cos\dfrac{2\pi}{7}\cos\dfrac{3\pi}{7}=$ _____ ;

(4)$\cos\dfrac{\pi}{9}\cos\dfrac{2\pi}{9}\cos\dfrac{3\pi}{9}\cos\dfrac{4\pi}{9}=$ _____ .

2. 二倍角余弦公式

例 21　根据下列条件,分别求 $\cos 2x$ 的值.

(1)$\sin x=\dfrac{12}{13}$;

(2)$\cos x=-\dfrac{7}{25}$;

(3)$\tan x=\dfrac{3}{4}\left(\pi<x<\dfrac{3\pi}{2}\right)$.

解 (1)因为 $\sin x = \dfrac{12}{13}$,

所以 $\cos 2x = 1 - 2\sin^2 x = 1 - 2 \times \left(\dfrac{12}{13}\right)^2 = 1 - \dfrac{288}{169} = -\dfrac{119}{169}.$

(2)因为 $\cos x = -\dfrac{7}{25}$,

所以 $\cos 2x = 2\cos^2 x - 1 = 2 \times \left(-\dfrac{7}{25}\right)^2 - 1 = \dfrac{98}{625} - 1 = -\dfrac{527}{625}.$

(3)因为 $\tan x = \dfrac{3}{4}\left(\pi < x < \dfrac{3\pi}{2}\right)$,

所以 $\sin x = -\dfrac{3}{5}$,$\cos x = -\dfrac{4}{5}$,

所以 $\cos 2x = \cos^2 x - \sin^2 x = \left(-\dfrac{4}{5}\right)^2 - \left(-\dfrac{3}{5}\right)^2 = \dfrac{7}{25}.$

说明 求 $\cos 2\alpha$ 的值时,如果已知 $\cos \alpha$ 的值应选 $2\cos \alpha - 1$;如果已知 $\sin \alpha$ 的值,应选用 $1 - 2\sin \alpha$;如果已知 $\cos \alpha$ 的值则可任选一个.

例 22 不查表,求下列各式的值:(反用公式)

分析 反向应用公式时一定要符合公式的结构特征,因此解题的关键在于如何适当的变形使原式符合公式要求.

(1) $2\cos^4 75° - 1$;　(2) $2\sin^2 7.5° - 1$;　(3) $\sin^4 112.5° - \cos^4 112.5°$.

解 (1) $2\cos^4 75° - 1 = \cos(2 \times 75°) = \cos 150° = -\cos 30° = -\dfrac{\sqrt{3}}{2}.$

(2) $2\sin^2 7.5° - 1 = -(1 - 2\sin^2 7.5°) = -\cos 15° = -\dfrac{\sqrt{6} + \sqrt{2}}{4}.$

(3) $\sin^4 112.5° - \cos^4 112.5°$

$= (\sin^2 112.5° + \cos^2 112.5°)(\sin^2 112.5° - \cos^2 112.5°)$

$= -\cos 225° = \dfrac{\sqrt{2}}{2}.$

例 23 化简:

(1) $\dfrac{4\sin^2 x}{1 - \cos 2x}$;　　　　　　　　(2) $\dfrac{1 - \cos 2\alpha}{1 + \cos 2\alpha}$.

分析 余弦的二倍角公式可变形为;

(1) $1 - \cos 2\alpha = 2\sin^2 \alpha$;　　　(2) $1 + \cos 2\alpha = 2\cos^2 \alpha$;

(3) $\sin^2 \alpha = \dfrac{1 - \cos 2\alpha}{2}$;　　　(4) $\cos^2 \alpha = \dfrac{1 + \cos 2\alpha}{2}.$

前两个式子可做升幂代换公式使用,后两个式子可做降幂代换公式使用.

解

$(1)\dfrac{4\sin^2 x}{1-\cos 2x}=\dfrac{2\cdot 2\sin^2 x}{1-\cos 2x}=\dfrac{2(1-\cos 2x)}{1-\cos 2x}=2$,

或 $\dfrac{4\sin^2 x}{1-\cos 2x}=\dfrac{4\sin^2 x}{2\sin^2 x}=2$.

$(2)\dfrac{1-\cos 2\alpha}{1+\cos 2\alpha}=\dfrac{2\sin 2\alpha}{2\cos 2\alpha}=\left(\dfrac{\sin\alpha}{\cos\alpha}\right)^2=\tan^2\alpha$.

3. 二倍角正切公式

例 24 已知 $\cos\alpha=-\dfrac{8}{17},\alpha\in(\dfrac{\pi}{2},\pi)$,求 $\tan 2\alpha$ 的值,如图 5-19 所示.(正用公式)

解　因为 $\cos\alpha=-\dfrac{8}{17},\alpha\in(\dfrac{\pi}{2},\pi)$,

所以 $\tan\alpha=-\dfrac{15}{8}$,

所以 $\tan 2\alpha=\dfrac{2\tan\alpha}{1-\tan^2\alpha}$

$\qquad=\dfrac{2\times\left(-\dfrac{15}{8}\right)}{1-\left(-\dfrac{15}{8}\right)^2}$

$\qquad=\dfrac{240}{161}$.

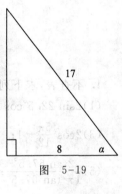

图 5-19

例 25 化简:(反用公式)

$(1)\dfrac{\tan 22.5°}{1-\tan^2 22.5°};\qquad (2)\dfrac{1-\tan^2 420°}{3\tan 420°}$.

解　$(1)\dfrac{\tan 22.5°}{1-\tan^2 22.5°}$

$\qquad=\dfrac{1}{2}\cdot\dfrac{2\tan 22.5°}{1-\tan^2 22.5°}$

$\qquad=\dfrac{1}{2}(\tan 2\times 22.5°)$

$\qquad=\dfrac{1}{2}\tan 45°=\dfrac{1}{2}$.

$(2)\dfrac{1-\tan^2 420°}{3\tan 420°}$

$\qquad=\dfrac{2}{\dfrac{3\cdot 2\tan 420°}{1-\tan^2 420°}}=\dfrac{2}{3\tan 840°}$

$$= \frac{2}{3\tan(-60°)}$$

$$= \frac{2}{3 \times (-\sqrt{3})} = -\frac{2\sqrt{3}}{9}.$$

例 26 化简 $\dfrac{2\tan\dfrac{\alpha}{2}}{1-\tan^2\dfrac{\alpha}{2}} \cdot \dfrac{6}{1-\tan^2\alpha}$.

解 $\dfrac{2\tan\dfrac{\alpha}{2}}{1-\tan^2\dfrac{\alpha}{2}} \cdot \dfrac{6}{1-\tan^2\alpha} = \dfrac{6\tan\alpha}{1-\tan^2\alpha} = 3\tan 2\alpha.$

练 习

1. 不查表,求下列各式的值:

(1) $2\sin 22.5°\cos 22.5°$;

(2) $\cos^2 67°30' - \sin^2 67°30'$;

(3) $2\cos^2\dfrac{5\pi}{12} - 1$;

(4) $2\sin^2 15° - 1$;

(5) $\dfrac{2\tan 67.5°}{1-\tan^2 67.5°}$;

(6) $\sin\dfrac{\pi}{12}\cos\dfrac{\pi}{12}$;

(7) $1 - 2\sin^2 735°$;

(8) $\dfrac{2\tan 165°}{1-\tan^2 165°}$.

2. 化简:

(1) $(\sin\alpha + \cos\alpha)^2$;

(2) $\sin\dfrac{\theta}{4}\cos\dfrac{\theta}{4}$;

(3) $\cos^4\theta - \sin^4\theta$;

(4) $\dfrac{1}{1+\tan\theta} - \dfrac{1}{1-\tan\theta}$.

3. 已知 $\sin\alpha = 0.6$,且 α 是锐角,求 $\sin 2\alpha$ 与 $\cos 2\alpha$ 的值.

4. 已知 $\cos\alpha = -\dfrac{5}{13}$,且 $\alpha \in \left(\pi, \dfrac{3\pi}{2}\right)$,求 $\sin 2\alpha, \cos 2\alpha, \tan 2\alpha$ 的值.

5. 已知 $\tan\theta = -2$,求 $\tan 2\theta$ 的值.

习 题 5.2

1. 确定下列各式的值:

(1) $\dfrac{\sin(\alpha+\pi)}{\sin\alpha}$;   (2) $\dfrac{\cos(\alpha-\pi)}{\cos\alpha}$;   (3) $\dfrac{\sin(\alpha-\pi)}{\sin(\alpha+\pi)}$;

(4)$\dfrac{\cos(-\alpha)}{\cos(\pi+\alpha)}$;　　(5)$\dfrac{\tan(\alpha-\pi)}{\tan \alpha}$;　　(6)$\dfrac{\sin(\alpha-2\pi)}{\sin(\alpha-\pi)}$.

2. 化简：

(1)$\dfrac{\sin(-\alpha+180°)-\tan(-\alpha)+\tan(-\alpha+360°)}{\tan(\alpha+180°)+\cos(-\alpha)+\cos(\alpha+180°)}$;

(2)$\dfrac{\sin^2(\alpha+2\pi)\cos(-\alpha+\pi)}{\tan(\alpha+\pi)\tan(\alpha+2\pi)\cos^3(-\alpha-\pi)}$.

3. 计算下列各式的值：

(1)$\sin 240°$;　　(2)$\cos \dfrac{7\pi}{4}$;　　(3)$\tan\left(-\dfrac{5\pi}{6}\right)$;　　(4)$\cos\left(-\dfrac{4\pi}{3}\right)$.

4. 已知 $\cos \alpha=-\dfrac{5}{13}$, $\alpha\in\left(\pi,\dfrac{3\pi}{2}\right)$,求 $\cos\left(\alpha+\dfrac{\pi}{3}\right)$ 和 $\sin\left(\alpha-\dfrac{\pi}{3}\right)$ 的值.

5. 化简：

(1)$\sin(30°+\alpha)+\sin(30°-\alpha)$;

(2)$\cos(60°+\alpha)+\cos(60°-\alpha)$;

(3)$\cos 24°\cos 69°+\sin 24°\sin 69°$;

(4)$\sin(75°+\alpha)\cos(15°+\alpha)-\cos(75°+\alpha)\sin(15°+\alpha)$;

(5)$\sin\left(\dfrac{\pi}{4}+\alpha\right)\cos\left(\dfrac{\pi}{4}-\alpha\right)+\cos\left(\dfrac{\pi}{4}+\alpha\right)\sin\left(\dfrac{\pi}{4}-\alpha\right)$.

6. 已知 $\sin \alpha=\dfrac{3}{5}$,且 $0°<\alpha<90°$,求 $\sin 2\alpha$.

7. 已知 $\tan \dfrac{\alpha}{2}=2$,求 $\tan \alpha$.

8. 已知在 $\triangle ABC$ 中,$\cos A=\dfrac{1}{2}$,求 $\angle A$.

9. 已知在 $\triangle ABC$ 中,$\sin A=\dfrac{1}{2}$,求 $\angle A$.

10. 已知 $\tan \alpha=\dfrac{1}{2}$,$\tan \beta=\dfrac{1}{3}$,求 $\tan(\alpha+\beta)$.

11. 求下列各式的值：

(1)$\dfrac{2\tan 750°}{1-\tan^2 750°}$;　　　　(2)$\dfrac{1}{2}-\sin^2 \dfrac{19\pi}{8}$;

(3)$\sqrt{1-2\sin 105°\cos 75°}$;　　　　(4)$\sin^2 67.5°$;

12. 证明：

(1)$2\sin(\pi+\alpha)\cos(\pi-\alpha)=\sin 2\alpha$;

(2)$\cos^4 \dfrac{\alpha}{2}-\sin^4 \dfrac{\alpha}{2}=\cos \alpha$;

(3) $\left(\sin\dfrac{\alpha}{2}-\cos\dfrac{\alpha}{2}\right)^2=1-\sin\alpha$；

(4) $1+2\cos^2\theta-\cos 2\theta=2$．

13. 化简：

(1) $\sin 72°\cos 12°+\cos 108°\sin 12°$；

(2) $\dfrac{\cos\alpha}{\sin\dfrac{\alpha}{2}\cos\dfrac{\alpha}{2}}$；

(3) $\sin 4\alpha\cdot\tan 2\alpha-1$；

(4) $\dfrac{\tan 6°-\tan 51°}{1+\tan 6°\cdot\tan 51°}$．

14. 证明：

(1) $\sin\theta(1+\cos 2\theta)=\sin 2\theta\cdot\cos\theta$；　　　(2) $\dfrac{1+\sin^2\alpha}{\cos^2\alpha-\sin^2\alpha}=\dfrac{1+\tan\alpha}{1-\tan\alpha}$；

(3) $4\sin\theta\cos^2\dfrac{\theta}{2}=2\sin\theta+\sin 2\theta$；　　　(4) $\dfrac{2\sin\alpha-\sin 2\alpha}{2\sin\alpha+\sin 2\alpha}=\tan^2\dfrac{\alpha}{2}$．

15. 已知等腰三角形的一个底角的余弦等于 $\dfrac{5}{13}$，求该三角形的顶角的正弦、余弦和正切.

16. 已知 $\tan\alpha=\dfrac{1}{4}$，$\tan\beta=\dfrac{3}{5}$，且 α,β 都是锐角，求证 $\alpha+\beta=\dfrac{\pi}{4}$．

17. 题组训练：

(1) 已知锐角 A,B 满足 $\angle A+\angle B=\dfrac{\pi}{4}$，求证 $(1+\tan A)(1+\tan B)=2$；

(2) 已知锐角 A,B 满足 $(1+\tan A)(1+\tan B)=2$，求证 $\angle A+\angle B=\dfrac{\pi}{4}$．

5.3　三角函数的图像和性质

本节重点知识：

1. 用五点法做正弦函数和余弦函数的图像.

2. $y=\sin x$ 与 $y=\cos x$ 的图像和性质.

3. 函数 $y=A\sin(\omega x+\varphi)$ 的图像和性质.

4. $y=\tan x$ 的图像和性质.

5.3.1　正弦函数与余弦函数的图像

我们知道，实数集与角的集合之间可以建立一一对应的关系．而一个确定的角又对应着唯一确定的正弦(或余弦)值．这样,任意给定一个实数 x,都有唯一确定的值 $\sin x$(或 $\cos x$)与之对应,由这个对应法则所确定的函数 $y = \sin x$(或 $y = \cos x$)称做正弦函数(或余弦函数),其定义域为 **R**.

我们研究函数的步骤是:S1:求函数解析 S2:画出函数图像．观察图像的形状,看看有什么特殊点 S3:借助图象研究它的性质．如值域、单调性、奇偶性、最大值最小值等．特别的,以前学习中我们已经看到三角函数值具有"周而复始"的变化规律．下面我们就来研究正弦函数、余弦函数的图像与性质．

首先做出 $y = \sin x, x \in [0, 2\pi]$ 的图像．

(1)列表(见表 5-4).

表　5-4

x	0	$\frac{\pi}{6}$	$\frac{\pi}{3}$	$\frac{\pi}{2}$	$\frac{3\pi}{2}$	$\frac{5\pi}{6}$	π	$\frac{7\pi}{6}$	$\frac{4\pi}{3}$	$\frac{3\pi}{2}$	$\frac{5\pi}{3}$	$\frac{11\pi}{6}$	2π
$y = \sin x$	0	$\frac{1}{2}$	$\frac{\sqrt{3}}{2}$	1	$\frac{\sqrt{3}}{2}$	$\frac{1}{2}$	0	$-\frac{1}{2}$	$-\frac{\sqrt{3}}{2}$	-1	$-\frac{\sqrt{3}}{2}$	$-\frac{1}{2}$	0

(2)描点．

(3)用一条光滑的曲线连接起来就画出了 $y = \sin x, x \in [0, 2\pi]$ 的图像,如图 5-20所示．

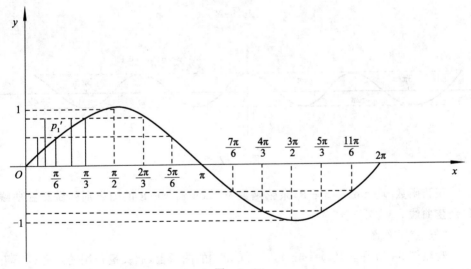

图　5-20

因为终边相同角有相同的三角函数值,所以函数 $y = \sin x$,在 $x \in [-2\pi, 0]$,$x \in [2\pi, 4\pi]$,$x \in [4\pi, 6\pi]$…时的图像,与 $x \in [0, 2\pi]$ 时的图像的形状完全一样,只是位置不同．因此,只需把 $y = \sin x, x \in [0, 2\pi]$ 的图像向左右平行移动 $2\pi, 4\pi$…个单位就可以得到正弦函数 $y = \sin x, x \in \mathbf{R}$ 的图像,如图 5-21 所示．

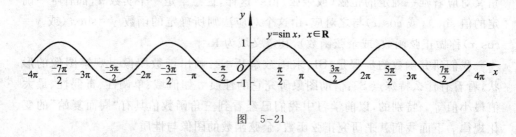

图 5-21

同样,用锚点法可以做出 $y=\cos x, x\in[0,2\pi]$ 的图像.如图 5-22 所示.把 $y=\cos x\ x\in[0,2\pi]$ 的图像向左和向右平移 $2\pi,4\pi,\cdots$ 就可以得到余弦函数 $y=\cos x$, $x\in\mathbf{R}$ 的图像,如图 5-23 所示.

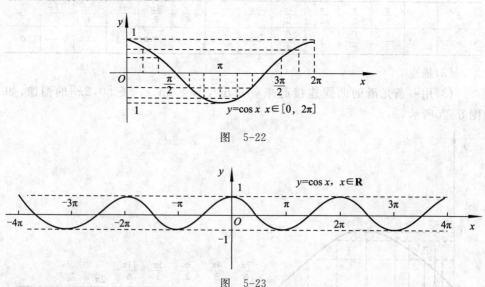

图 5-22

图 5-23

正弦函数 $y=\sin x, x\in\mathbf{R}$,余弦函数 $y=\cos x, x\in\mathbf{R}$ 的图像别称做**正弦曲线**和**余弦曲线**.

"五点法"作图:

观察图 5-20 在函数 $y=\sin x, x\in[0,2\pi]$ 的图像上,起关键作用的点有以下五个:

$$(0,0)\left(\frac{\pi}{2},1\right)(\pi,0)\left(\frac{3\pi}{2},-1\right)(2\pi,0).$$

事实上,描出这五个点后,函数 $y=\sin x, x\in[0,2\pi]$ 的图像就基本确定了.

余弦函数图像中 $(0,1)\left(\frac{\pi}{2},0\right)(\pi,-1)\left(\frac{3\pi}{2},0\right)(2\pi,1)$ 这五个点是确定余弦函

数 $y=\cos x$,$x\in[0,2\pi]$ 的图像形状的关键点.

因此,在精确度要求不太高时,我们常常先找出这五个关键点.再用光滑的曲线将它们连接起来,就得到函数的简图.这种近似的"五点(画图)法"是非常实用的.今后,如果要画正弦函数或余弦函数的简图都可以采用"五点法".

特别指出:用五点法作 $y=\sin x$, $x\in\mathbf{R}$,$y=\cos x$, $x\in\mathbf{R}$ 图像,在坐标系中要求横轴和纵轴所取单位长度必须相等,而这又难以做到,为此,把横轴上 1 单位长度当做 $\dfrac{\pi}{3}$ 长度单位.这样,尽管画出的图像不够准确,但由于作图简便许多,在实际中常被采用.

例 1 画出下列函数的简图:

(1)$y=1+\sin x$, $x\in[0,2\pi]$; (2) $y=-\cos x$, $x\in[0,2\pi]$.

分析 函数 $y=1+\sin x$, $x\in[0,2\pi]$ 的图像,实际上可由 $y=\sin x$, $x\in[0,2\pi]$ 的图像沿 y 轴向上平移 1 个单位长度得到.而 $y=-\cos x$, $x\in[0,2\pi]$ 的图像是函数 $y=\cos x$, $x\in[0,2\pi]$ 的图像关于 x 轴对称的图形.

解 (1)列表(见表 5-5).

表 5-5

x	0	$\dfrac{\pi}{2}$	π	$\dfrac{3\pi}{2}$	2π
$y=1+\sin x$	1	2	1	0	1

"五点法"作图,如图 5-24 所示.

(2)列表(见表 5-6).

表 5-6

x	0	$\dfrac{\pi}{2}$	π	$\dfrac{3\pi}{2}$	2π
$y=-\cos x$	-1	0	1	0	-1

五点法"作图,如图 5-25 所示.

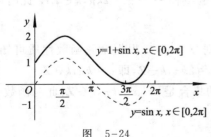

图 5-24

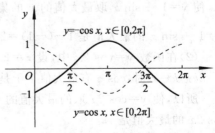

图 5-25

练   习

用"五点法"做出下列函数的图像:

(1) $y=-\sin x$, $x\in[0,2\pi]$;

(2) $y=\cos x+1$, $x\in[0,2\pi]$;

(3) $y=2\sin x-1$, $x\in[0,2\pi]$.

5.3.2 正弦函数与余弦函数的性质

1. 定义域(通常用字母 D 表示)

函数 $y=\sin x$ 和函数 $y=\cos x$ 的定义域都是 $D=\mathbf{R}$.

2. 值域(通常用字母 M 表示)

函数 $y=\sin x$, $x\in\mathbf{R}$ 和函数 $y=\cos x$, $x\in\mathbf{R}$ 的值域都是:$[-1,1]$.(这是因为对于任意的 $x\in\mathbf{R}$ 都有 $|\sin x|\leqslant1$ 和 $|\cos x|\leqslant1$,即 $-1\leqslant\sin x\leqslant1$ 和 $-1\leqslant\cos x\leqslant1$).

函数 $y=\sin x$, $x\in\mathbf{R}$. 当 $y=\dfrac{\pi}{2}+2k\pi$, $k\in\mathbf{Z}$ 时,$y=\sin x$ 取得最大值1;即 $y_{max}=1$;当 $y=-\dfrac{\pi}{2}+2k\pi$, $k\in\mathbf{Z}$ 时,$y=\sin x$ 取得最小值-1,即 $y_{min}=-1$;

函数 $y=\cos x$, $x\in\mathbf{R}$. 当 $x=2k\pi$, $k\in\mathbf{Z}$ 时, $y_{max}=1$;

当 $x=(2k+1)\pi$, $k\in\mathbf{Z}$ 时,$y_{min}=-1$.

例2 求出下列函数取得最大值 x 的集合,并写出其最大值.

(1) $y=1-\sin x$;   (2) $y=\cos 2x$.

解 (1)若 $y=1-\sin x$ 取最大值,则可推得 $\sin x$ 应取得最小值.

根据 $y=\sin x$ 的性质可知,当 $x=-\dfrac{\pi}{2}+2k\pi$, $k\in\mathbf{Z}$ 时,$\sin x$ 有最小值-1,所以,使 $y=1-\sin x$ 取最大值的 x 的集合是 $\{x|x=-\dfrac{\pi}{2}+2k\pi,k\in\mathbf{Z}\}$. 此时函数 $y=1-\sin x$ 的最大值是 $1-(-1)=2$.

(2)在函数 $y=\cos 2x$ 中,设 $z=2x$,则 $y=\cos z$ 根据余弦函数性质可知,当 $z=2k\pi$, $k\in\mathbf{Z}$ 时,$\cos z$ 有最大值1于是 $2x=2k\pi$, $k\in\mathbf{Z}$,即 $x=k\pi$, $k\in\mathbf{Z}$.

所以,使 $y=\cos 2x$ 取的最大值的 x 的集合是 $\{x|x=k\pi,k\in\mathbf{Z}\}$此时函数 $y=\cos 2x$ 的最大值是1.

🪐 **想一想**

下列等式成立吗？为什么？

(1) $2\cos x = 3$；　　(2) $\sin^2 x = \dfrac{1}{2}$；　　(3) $3\sin x = \pi$.

3. 周期性

从前面学习中我们已经看到．正弦函数具有"周而复始"的变化规律．这一点可以从三角函数简化公式 $\sin(x+2k\pi)=\sin x(k\in\mathbf{Z})$ 中得到反映．即当自变量 x 的值增加 2π 的整数倍时,函数值重复出现．数学上,用周期性这个概念来定量的刻画这种"周而复始"的变化规律．

对于函数 $f(x)$,如果存在一个非零的常数 T. 使得当 x 取定义域内的每一个值时．都有 $f(x+T)=f(x)$.

那么函数 $f(x)$ 就称做**周期函数**．非零常数 T 称做这个函数的**周期**.

周期函数的周期不止一个．例如: $2\pi,4\pi,6\pi,\cdots$ 以及 $-2\pi,-4\pi,-6\pi\cdots$ 都是正弦函数的周期．事实上,任何一个常数 $2k\pi(k\in\mathbf{Z}$ 且 $k\neq0$)都是它的周期．

如果周期函数 $f(x)$ 的所有周期中存在一个最小的正数,那么这个最小正数就称做 $f(x)$ 的**最小正周期**．例如:正弦函数的最小正周期是 2π.

根据上述定义,我们有:

正弦函数是周期函数, $2k\pi(k\in\mathbf{Z}$ 且 $k\neq0$)都是它的周期．最小正周期是 2π.

类似的,请读者自己探索余弦函数的周期性,并将得到的结果填在横线上:

—————————————————————

🪐 **想一想**

等式 $\sin\left(\dfrac{\pi}{6}+\dfrac{2\pi}{3}\right)=\sin\dfrac{\pi}{6}$ 是否成立？如果该式成立,那么能否判断正弦函数 $y=\sin x$ 的周期是 $\dfrac{2\pi}{3}$？为什么？

说明　设周期函数 $y=f(x)$ 的定义域为 D,如果 T 是函数 $y=f(x)$ 的最小正周期,那么 T 应满足以下两个条件:

(1) 当自变量从 x 至少增大到 $x+T$ 时,等式 $f(x+T)=f(x)$ 才成立;

(2) 等式 $f(x+T)=f(x)$,对于任意 $x\in D$ 都成立.

函数周期变化仅与自变量 x 的系数有关,故有以下结论:

函数 $y=A\sin(\omega x+\varphi)$ 或 $y=A\cos(\omega x+\varphi)$ (其中 A,ω,φ 为常数,且 $A\neq0,\omega>0$,

$x \in \mathbf{R}$)的周期 $T = \dfrac{2\pi}{\omega}$. 根据这个结论,今后我们可以由正弦函数和余弦函数的表达式直接写出它们的周期.

例 3 求下列函数的周期:

(1)$y = 2\sin x$,$x \in \mathbf{R}$;   (2)$y = \cos 3x$, $x \in \mathbf{R}$;

(3)$y = \sin\left(\dfrac{1}{2}x + \dfrac{\pi}{3}\right)$, $x \in \mathbf{R}$.

解 (1)因为

根据公式 $y = A\sin(\omega x + \varphi)$,周期为 $T = \dfrac{2\pi}{\omega}$,

$y = 2\sin x$ 中 $\omega = 1$ 即 $T = \dfrac{2\pi}{1} = 2\pi$,

所以原函数的周期为 $T = 2\pi$.

(2)因为

根据公式 $y = A\sin(\omega x + \varphi)$,周期为 $T = \dfrac{2\pi}{\omega}$,

$y = \cos 3x$ 中 $\omega = 3$,即 $T = \dfrac{2\pi}{3}$,

所以原函数的周期为 $T = \dfrac{2\pi}{3}$.

(3)因为

根据公式 $y = A\sin(\omega x + \varphi)$,周期为 $T = \dfrac{2\pi}{\omega}$,

$y = \sin\left(\dfrac{1}{2}x + \dfrac{\pi}{3}\right)$ 中 $\omega = \dfrac{1}{2}$, $T = \dfrac{2\pi}{\dfrac{1}{2}}$,即 $T = 4\pi$.

所以原函数的周期为 $T = 4\pi$.

4. 奇偶性

根据正弦函数 $y = \sin x$,$x \in \mathbf{R}$ 的图像(即正弦曲线)关于坐标原点 O 对称,余弦曲线 $y = \cos x$,$x \in \mathbf{R}$ 的图像(即余弦曲线)关于 y 轴对称. 由诱导公式 $\sin(-x) = -\sin x$,$\cos(-x) = \cos x$ 可知:正弦函数是奇函数,余弦函数是偶函数.

5. 单调性

我们可以先在正弦函数的一个周期的区间上(如 $\left[-\dfrac{\pi}{2}, \dfrac{3\pi}{2}\right]$)讨论它的单调性,再利用它的周期性,将单调性扩展到整个定义域.

观察图 5-26 和表 5-7.

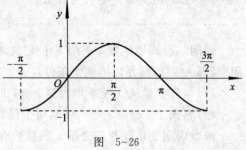

图 5-26

表　5-7

x	$-\dfrac{\pi}{2}$	↗	0	↗	$\dfrac{\pi}{2}$	…	π	…	$\dfrac{3\pi}{2}$
$y=\sin x$	-1	↗	0	↗	1	↘	0	↘	-1

正弦函数在每一个闭区间 $\left[-\dfrac{\pi}{2}+2k\pi,\dfrac{\pi}{2}+2k\pi\right](k\in\mathbf{Z})$ 上都是增函数,其值从 -1 增大到 1;在每一个闭区间 $\left[\dfrac{\pi}{2}+2k\pi,\dfrac{3\pi}{2}+2k\pi\right](k\in\mathbf{Z})$ 上都是减函数,其值从 1 减小到 -1.

类似的,在余弦函数的一个周期上(如 $[0,2\pi]$)观察曲线(见图 5-27),将看到的函数值得变化情况填入表 5-8.

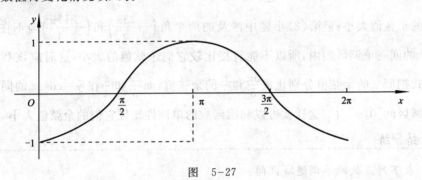

图　5-27

表 5-8

x	0	↗	$\dfrac{\pi}{2}$	↗	π	↗	$\dfrac{3\pi}{2}$	↗	2π
$\cos x$									

由余弦函数的周期性可知:

余弦函数在每一个闭区间 $[\underline{\qquad\qquad\qquad}](k\in\mathbf{Z})$ 上都是增函数,其值从 -1 增大到 1;在每一个闭区间 $[\underline{\qquad\qquad\qquad}](k\in\mathbf{Z})$ 上都是减函数,其值从 1 减小到 -1.

例 4　根据正弦函数余弦函数的单调性判别下列各式的符号:

(1) $\sin\left(-\dfrac{\pi}{18}\right)-\sin\left(-\dfrac{\pi}{10}\right)$;　　　(2) $\cos\left(-\dfrac{23\pi}{5}\right)-\cos\left(-\dfrac{17\pi}{4}\right)$.

解　(1)因为 $y=\sin x$ 在 $\left[-\dfrac{\pi}{2},\dfrac{\pi}{2}\right]$ 上是增函数,

又 $-\dfrac{\pi}{18},-\dfrac{\pi}{10}\in\left[-\dfrac{\pi}{2},\dfrac{\pi}{2}\right]$,且 $-\dfrac{\pi}{18}>\left(-\dfrac{\pi}{10}\right)$,

所以 $\sin\left(-\dfrac{\pi}{18}\right)>\sin\left(-\dfrac{\pi}{10}\right)$ 即 $\sin\left(-\dfrac{\pi}{18}\right)-\sin\left(-\dfrac{\pi}{10}\right)>0$.

(2) $\cos\left(-\dfrac{23\pi}{5}\right)=\cos\dfrac{23\pi}{5}=\cos\dfrac{3\pi}{5}$,$\cos\left(-\dfrac{17\pi}{4}\right)=\cos\dfrac{17\pi}{4}=\cos\dfrac{\pi}{4}$,

因为 $y=\cos x$ 在 $[0,\pi]$ 上为减函数,又 $\dfrac{3\pi}{5}$,$\dfrac{\pi}{4}\in[0,\pi]$,且 $\dfrac{3\pi}{5}>\dfrac{\pi}{4}$,

所以 $\cos\dfrac{3\pi}{5}<\cos\dfrac{\pi}{4}$, 即 $\cos\left(-\dfrac{23\pi}{5}\right)-\cos\left(-\dfrac{17\pi}{4}\right)<0.$

说明 两个同名三角函数的值应该在这个三角函数的同一单调(递增或递减)区间内比较大小.本例题第(1)小题中涉及的两个角 $\left(-\dfrac{\pi}{18}\right)$ 和 $\left(-\dfrac{\pi}{10}\right)$ 恰好在 $y=\sin x$ 的同一单调递增区间 $\left[-\dfrac{\pi}{2},\dfrac{\pi}{2}\right]$ 内,所以可以直接利用函数的单调性比较它们的正弦值大小;但第(2)小题中涉及的两个角 $\left(-\dfrac{23\pi}{5}\right)$ 和 $\left(-\dfrac{17\pi}{4}\right)$ 因不在 $y=\cos x$ 的同一单调区间内,所以不能直接比较它们余弦值的大小,这时应该利用诱导公式把原来的余弦值分别化成 $\dfrac{3\pi}{5}$ 和 $\dfrac{\pi}{4}$ 的余弦值,而 $\dfrac{3\pi}{5}$ 和 $\dfrac{\pi}{4}$ 在 $y=\cos x$ 的同一单调递减区间 $[0,\pi]$ 内.这样就可以利用函数的单调性比较它们的余弦值大小.

练一练

求下列函数的单调递减区间:

(1) $y=2\sin x$; (2) $y=5\sin x$; (3) $y=-2\sin x$; (4) $y=-5\sin x$.

小结:

(1)单调性(见表 5-9 和表 5-10).

表 5-9

角 x	$-\dfrac{\pi}{2}+2k\pi \to 2k\pi \to \dfrac{\pi}{2}+2k\pi$ ($k\in\mathbf{Z}$)	$\dfrac{\pi}{2}+2k\pi \to \pi+2k\pi \to \dfrac{3\pi}{2}+2k\pi$ ($k\in\mathbf{Z}$)
正弦值	$-1\to0\to1$	$1\to0\to-1$
$y=\sin x$	增函数	减函数

表 5-10

角 x	$2k\pi \to \dfrac{\pi}{2}+2k\pi \to \pi+2k\pi$ ($k\in\mathbf{Z}$)	$\pi+2k\pi \to \dfrac{3\pi}{2}+2k\pi \to 2\pi+2k\pi$ ($k\in\mathbf{Z}$)
余弦值	$1\to0\to-1$	$-1\to0\to1$
$y=\cos x$	减函数	增函数

(2)最大值,最小值(见表 5-11).

表　5-11

角 x	$-\dfrac{\pi}{2}+2k\pi$	$\dfrac{\pi}{2}+2k\pi$	角 x	$\pi+2k\pi$	$2k\pi$
正弦值	-1	1	余弦值	-1	1
$y=\sin x$	最小值	最大值	$y=\cos x$	最小值	最大值

练　习

1. 求出下列函数取得最小值的 x 的集合,并写出其最小值:

(1)$y=-2\sin x$;　　　　　　　(2)$y=2-\cos\dfrac{x}{2}$.

2. 求下列函数的周期:

(1)$y=\sin 5x$;　　　　(2)$y=\cos\dfrac{3x}{2}$;　　　　(3)$y=2\cos\dfrac{x}{3}$;

(4)$y=\sin\left(x+\dfrac{\pi}{3}\right)$;　　(5)$y=\cos\left(\dfrac{1}{2}x+\dfrac{\pi}{4}\right)$;　　(6)$y=\sin\left(2x+\dfrac{\pi}{6}\right)$.

3. 观察正弦曲线和余弦曲线,写出满足下列条件的 x 的区间:

(1)$\sin x>0$;　　　　　　　(2)$\sin x<0$;

(3)$\cos x>0$;　　　　　　　(4)$\cos x<0$.

4. 利用正弦、余弦函数的单调性,比较下列各组函数中两个三角函数值的大小:

(1)$\sin 190°$ 与 $\sin 200°$;　　　　(2)$\cos\dfrac{6\pi}{5}$ 与 $\cos\dfrac{3\pi}{4}$;

(3)$\sin\dfrac{17\pi}{9}$ 与 $\sin\dfrac{9\pi}{8}$;　　　　(4)$\cos\left(-\dfrac{5\pi}{6}\right)$ 与 $\cos\dfrac{8\pi}{7}$.

5.3.3　正弦型函数

前面我们接触过形如 $y=A\sin(\omega x+\varphi)$ 或 $y=A\cos(\omega x+\varphi)$(其中 A,ω,φ 为常数,且 $A\neq0,\omega\neq0,x\in\mathbf{R}$)的函数,它在实践中有很多用处,例如,在物理中,简谐运动中单摆对平衡位置的位移 y 与时间 x 的关系,交流电的电流 y 与时间 x 的关系都是形如 $y=A\sin(\omega x+\varphi)$ 的函数.

下面我们讨论函数 $y=A\sin(\omega x+\varphi)$ 简图.

例 5　画出 $y=3\sin\left(2x+\dfrac{\pi}{3}\right)$ 的简图.

解　函数 $y=3\sin\left(2x+\dfrac{\pi}{3}\right)$ 的周期 $T=\dfrac{2\pi}{2}=\pi$.

先画出它在长度为 π 的闭区间上的简图,与前相仿,可列出表 5-12.

表　5-12

x	$-\dfrac{\pi}{6}$	$\dfrac{\pi}{12}$	$\dfrac{\pi}{3}$	$\dfrac{7\pi}{12}$	$\dfrac{5\pi}{6}$
$x=2x+\dfrac{\pi}{3}$	0	$\dfrac{\pi}{2}$	π	$\dfrac{3\pi}{2}$	2π
$y=3\sin\left(2x+\dfrac{\pi}{3}\right)$	0	3	0	-3	0

描点画图,如图 5-28 所示.

利用函数的周期性,将简图向左、右两边扩展,就得到 $y=3\sin\left(2x+\dfrac{\pi}{3}\right)$, $x\in\mathbf{R}$ 的简图.(略)

下面我们介绍函数 $y=A\sin(\omega x+\varphi)$ 其中 A,ω,φ 为常数,且 $A\neq0,\omega\neq0,x\in\mathbf{R}$)的图像与函数 $y=\sin x$ 的图像关系.

1. $y=A\sin x$,$y=\sin\omega x$,$y=\sin(x+\varphi)$ 的图像与函数 $y=\sin x$ 的图像关系

例6　画出函数 $y=\dfrac{3}{2}\sin x$ 及 $y=\dfrac{2}{3}\sin x$ 的简图.

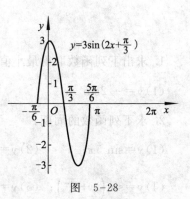

图　5-28

解　函数 $y=\dfrac{3}{2}\sin x$ 及 $y=\dfrac{2}{3}\sin x$ 的周期 $T=2\pi$,先画出 $x\in[0,2\pi]$ 时函数的简图.

列表 5-13.

表　5-13

x	0	$\dfrac{\pi}{2}$	π	3π	2π
$\sin x$	0	1	0	-1	0
$\dfrac{3}{2}\sin x$	0	$\dfrac{3}{2}$	0	$-\dfrac{3}{2}$	0
$\dfrac{2}{3}\sin x$	0	$\dfrac{2}{3}$	0	$-\dfrac{2}{3}$	0

描点作图,如图 5-29 所示.

利用函数的周期性将 $x\in[0,2\pi]$ 时函数的简图向左、右两边扩展,可得 $y=\dfrac{3}{2}\sin x$,$x\in\mathbf{R}$ 及 $y=\dfrac{2}{3}\sin x,x\in\mathbf{R}$ 的简图.(从略)

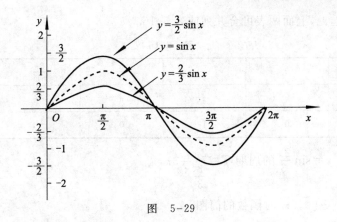

图　5-29

从 $y=\dfrac{3}{2}\sin x$ 及 $y=\dfrac{2}{3}\sin x$ 与 $y=\sin x$ 的图像可以看出,对于同一个 x 值,

$y=\dfrac{3}{2}\sin x$ 图像上点的纵坐标等于 $y=\sin x$ 的图像上点的纵坐标的 $\dfrac{3}{2}$ 倍,而 $y=$

$\dfrac{2}{3}\sin x$ 图像上点的纵坐标又是 $y=\sin x$ 图像上点的纵坐标的 $\dfrac{2}{3}$ 倍.

　　一般的,函数 $y=A\sin x(A>0,$ 且 $A\neq1)$ 的图像,可看做是将 $y=\sin x$ 的图像上所有点的纵坐标扩大(当 $A>1$ 时)或缩小(当 $A<1$ 时)到原来的 A 倍(横坐标保持不变)而得到的.

　　例7　画出函数 $y=\sin 2x$ 及 $y=\sin\dfrac{2x}{3}$ 的简图.

　　解　(1) $y=\sin 2x$ 的周期 $T=\dfrac{2\pi}{2}=\pi$,

　　先画出 $x\in[0,\pi]$ 时的简图,

　　设 $2x=X$,则 $y=\sin X$,根据函数 $y=\sin X,X\in[0,2\pi]$ 的图像上五个关键点的坐标,如表 5-14 所示.

表　5-14

X	0	$\dfrac{\pi}{2}$	π	$\dfrac{3\pi}{2}$	2π
$y=\sin X$	0	1	0	-1	0

可知,函数 $y=\sin 2x,x\in[0,\pi]$ 的图像上五个关键点的坐标,如表 5-15 所示.

表　5-15

x	0	$\dfrac{\pi}{4}$	$\dfrac{\pi}{2}$	$\dfrac{3\pi}{4}$	π
$y=\sin X$	0	1	0	-1	0

为方便起见,上面两表可合并列成表5-16.

表　5-16

x	0	$\dfrac{\pi}{4}$	$\dfrac{\pi}{2}$	$\dfrac{3\pi}{4}$	π
$2x$	0	$\dfrac{\pi}{2}$	π	$\dfrac{3\pi}{2}$	2π
$y=\sin 2x$	0	1	0	-1	0

(2)函数 $y=\sin\dfrac{2x}{3}$ 的周期 $T=\dfrac{2\pi}{\dfrac{2}{3}}=3\pi$,

先画出 $x\in[0,3\pi]$ 时函数的简图.

列表5-17.

表　5-17

x	0	$\dfrac{3\pi}{4}$	$\dfrac{3\pi}{2}$	$\dfrac{9\pi}{4}$	3π
$\dfrac{2x}{3}$	0	$\dfrac{\pi}{2}$	π	$\dfrac{3\pi}{2}$	2π
$y=\sin\dfrac{2x}{3}$	0	1	0	-1	0

描点画图,如图5-30所示.

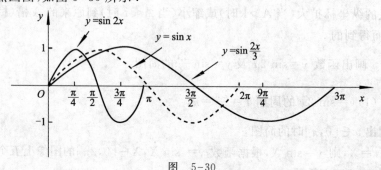

图　5-30

利用函数的周期性,将 x 在一个周期的函数简图向左、右两边扩展,就得到 $y=\sin 2x,x\in\mathbf{R}$ 及 $y=\sin\dfrac{2x}{3},x\in\mathbf{R}$ 的简图(略)

从 $y=\sin 2x$ 及 $y=\sin\dfrac{2x}{3}$ 与 $y=\sin x$ 的图像,可得出如下结论:

一般地,函数 $y=\sin\omega x(\omega>0$,且 $\omega\neq1)$ 的图像,可看做是将 $y=\sin x$ 的图像上所有点的横坐标扩大(当 $0<\omega<1$ 时)或缩小(当 $\omega>1$ 时)到原来的 $\dfrac{1}{\omega}$ 倍(纵坐标保持不变)而得到的.

例 8　画出函数 $y=\sin\left(x+\dfrac{\pi}{4}\right)$ 和 $y=\sin\left(x-\dfrac{\pi}{3}\right)$ 的简图.

解　函数 $y=\sin\left(x+\dfrac{\pi}{4}\right)$ 的周期 $T=2\pi$.

先画出它在长度为 2π 的闭区间上的简图.

设 $x+\dfrac{\pi}{4}=X$，则 $y=\sin X$，根据函数 $y=\sin X,X\in[0,2\pi]$ 的图像上五个关键点的坐标(见表 5-18).

表　5-18

X	0	$\dfrac{\pi}{2}$	π	$\dfrac{3\pi}{2}$	2π
$y=\sin X$	0	1	0	-1	0

可知函数 $y=\sin\left(x+\dfrac{\pi}{4}\right)$ $x\in\left[-\dfrac{\pi}{4},\dfrac{7\pi}{4}\right]$ 的图像上五个关键点的坐标如表 5-19 所示.

表　5-19

x	$-\dfrac{\pi}{4}$	$\dfrac{\pi}{4}$	$\dfrac{3\pi}{4}$	$\dfrac{5\pi}{4}$	$\dfrac{7\pi}{4}$
$y=\sin\left(x+\dfrac{\pi}{4}\right)$	0	1	0	-1	0

同前例一样，上面两表可合并列成表 5-20 所示.

表　5-20

x	$-\dfrac{\pi}{4}$	$\dfrac{\pi}{4}$	$\dfrac{3\pi}{4}$	$\dfrac{5\pi}{4}$	$\dfrac{7\pi}{4}$
$x+\dfrac{\pi}{4}$	0	$\dfrac{\pi}{2}$	π	$\dfrac{3\pi}{2}$	2π
$y=\sin\left(x+\dfrac{\pi}{4}\right)$	0	1	0	-1	0

类似地，对于函数 $y=\sin\left(x+\dfrac{\pi}{3}\right)$ 列表(见表 5-21).

表　5-21

x	$\dfrac{\pi}{3}$	$\dfrac{5\pi}{6}$	$\dfrac{4\pi}{3}$	$\dfrac{11\pi}{6}$	$\dfrac{7\pi}{3}$
$x-\dfrac{\pi}{3}$	0	$\dfrac{\pi}{2}$	π	$\dfrac{3\pi}{2}$	2π
$y=\sin\left(x-\dfrac{\pi}{3}\right)$	0	1	0	-1	0

描点画图，如图 5-31 所示.

利用函数的周期性将 x 在一个周期的函数简图向左、右两边扩展，就得到 $y=$

$\sin(x+\dfrac{\pi}{4})$, $x\in\mathbf{R}$ 及 $y=\sin\left(x-\dfrac{\pi}{3}\right)$, $x\in\mathbf{R}$ 的简图(略).

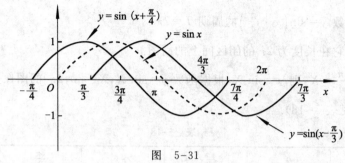

图 5-31

从 $y=\sin\left(x+\dfrac{\pi}{4}\right)$ 及 $y=\sin\left(x-\dfrac{\pi}{3}\right)$ 与 $y=\sin x$ 的图像,可得出如下结论:

一般的,函数 $y=\sin(x+\varphi)$ $(\varphi\neq1)$ 的图像,可看做是将 $y=\sin x$ 的图象上所有点向左(当 $\varphi>0$ 时)或向右(当 $\varphi<0$ 时)平行移动 $|\varphi|$ 个单位而得到的.

2. 函数 $y=A\sin(\omega x+\varphi)$ 的图像与函数 $y=\sin x$ 的图像的关系

例9　画出函数 $y=3\sin\left(2x+\dfrac{\pi}{3}\right)$ 的简图.

解　函数 $y=3\sin\left(2x+\dfrac{\pi}{3}\right)$ 的周期 $T=\dfrac{2\pi}{2}=\pi$.

先画出它长度为 π 的闭区间上的简图.与前相仿,可列出表 5-22.

表 5-22

x	$-\dfrac{\pi}{6}$	$\dfrac{\pi}{12}$	$\dfrac{\pi}{3}$	$\dfrac{7\pi}{12}$	$\dfrac{5\pi}{6}$
$2x+\dfrac{\pi}{3}$	0	$\dfrac{\pi}{2}$	π	$\dfrac{3\pi}{2}$	2π
$y=3\sin\left(2x+\dfrac{\pi}{3}\right)$	0	3	0	-3	0

描点画图,如图 5-32 所示.

利用函数的周期性,将函数在一个周期内的简图向左、右两边扩展,可得到 $y=3\sin\left(2x+\dfrac{\pi}{3}\right)$, $x\in\mathbf{R}$ 的简图(略).

图 5-32 中分别画出了函数 $y=\sin x$, $y=\sin\left(x+\dfrac{\pi}{3}\right)$, $y=\sin\left(2x+\dfrac{\pi}{3}\right)$ 各自在长度为一个周期的闭区间上的简图,说明函数 $y=3\sin\left(2x+\dfrac{\pi}{3}\right)$ 的图像可以看做是这样得到的:

(1)将函数 $y=\sin x$ 向左平移 $\dfrac{\pi}{3}$ 个单位,得到函数 $y=\sin\left(x+\dfrac{\pi}{3}\right)$ 的图像;

（2）将函数 $y=\sin(x+\dfrac{\pi}{3})$ 的图像上所有点的横坐标缩小到原来的 $\dfrac{1}{2}$ 倍（纵坐标保持不变），得到 $y=\sin(2x+\dfrac{\pi}{3})$ 的图像；

（3）将函数 $y=\sin(2x+\dfrac{\pi}{3})$ 的图像上所有点的纵坐标扩大到原来的 3 倍（横坐标保持不变），得到函数 $y=3\sin(2x+\dfrac{\pi}{3})$ 的图像.

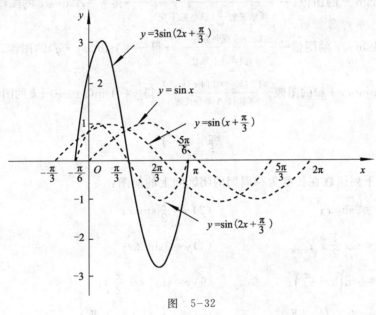

图　5-32

由此得出如下结论：

一般的，函数 $y=A\sin(\omega x+\varphi)$（$A>0,\omega>0$）$x\in\mathbf{R}$ 的图像可看做是这样得到的：

先将函数 $y=\sin x$ 的图像上所有点向左（$\varphi>0$）或向右（$\varphi<0$）平行移动 $|\varphi|$ 个单位. 然后，把所得各点的横坐标缩小（$\omega>1$）或扩大（$0<\omega<1$）到原来的 $\dfrac{1}{\omega}$ 倍（纵坐标保持不变）. 最后，把所得各点的纵坐标扩大（当 $A>1$ 时）或缩小（当 $A<1$ 时）到原来的 A 倍（横坐标保持不变）.

小结：

正弦型函数 $y=A\sin(\omega x+\varphi)$ 的图像变换方法如下：

先平移后伸缩：

$y=\sin x$ 的图像 $\xrightarrow[\text{平移}|\varphi|\text{个单位长度}]{\text{向左}(\varphi>0)\text{或向右}(\varphi<0)}$ 得 $y=\sin(x+\varphi)$ 的图像，

$y=\sin(x+\varphi)$ 的图像 $\xrightarrow[\text{到原来的}\frac{1}{\omega}\text{（纵坐标不变）}]{\text{横坐标伸长}(0<\omega<1)\text{或缩短}(\omega>1)}$ 得 $y=\sin(\omega x+\varphi)$ 的图像，

$y=\sin(\omega x+\varphi)$ 的图像 $\xrightarrow[\text{为原来的 } A \text{ 倍(横坐标不变)}]{\text{纵坐标伸长}(A>1)\text{或缩短}(0<A<1)}$ 得 $y=A\sin(\omega x+\varphi)$ 的图像,

$y=A\sin(\omega x+\varphi)$ 的图象 $\xrightarrow[\text{平移}|k|\text{个单位长度}]{\text{向上}(k>0)\text{或向下}(k<0)}$ 得 $y=A\sin(\omega x+\varphi)+k$ 的图像.

先伸缩后平移:

$y=\sin x$ 的图像 $\xrightarrow[\text{为原来的 } A \text{ 倍(横坐标不变)}]{\text{纵坐标伸长}(A>1)\text{或缩短}(0<A<1)}$ 得 $y=A\sin x$ 的图像,

$y=A\sin x$ 的图像 $\xrightarrow[\text{到原来的}\frac{1}{\omega}(\text{纵坐标不变})]{\text{横坐标伸长}(0<\omega<1)\text{或缩短}(\omega>1)}$ 得 $y=A\sin \omega x$ 的图像,

$y=A\sin \omega x$ 的图像 $\xrightarrow[\text{平移}\left|\frac{\varphi}{\omega}\right|\text{个单位}]{\text{向左}(\varphi>0)\text{或向右}(\varphi<0)}$ 得 $y=A\sin(\omega x+\varphi)$ 的图像,

$y=A\sin(\omega x+\varphi)$ 的图像 $\xrightarrow[\text{平移}|k|\text{个单位长度}]{\text{向上}(k>0)\text{或向下}(k<0)}$ 得 $y=A\sin(\omega x+\varphi)+k$ 的图像.

练　习

画出下列函数在长度为一周期的闭区间上的简图:

(1) $y=2\sin x$;　　　　　　　　(2) $y=\dfrac{1}{2}\sin x$;

(3) $y=\sin \dfrac{1}{2}x$;　　　　　　　(4) $y=3\sin 2x$;

(5) $y=\sin\left(x+\dfrac{\pi}{3}\right)$;　　　　　(6) $y=\sin\left(x+\dfrac{\pi}{2}\right)$;

(7) $y=\dfrac{5}{2}\sin\left(x-\dfrac{\pi}{4}\right)$;　　　　(8) $y=\dfrac{2}{3}\sin\left(3x+\dfrac{\pi}{4}\right)$.

5.3.4　正切函数的图像和性质

由诱导公式 $\tan(x+\pi)=\tan x$,其中 $x\in\mathbf{R}$,但 $x\neq\dfrac{\pi}{2}+k\pi$,$k\in\mathbf{Z}$ 可知正切函数是周期函数,π 是它的最小正周期.

用描点法做出 $y=\tan x$,$x\in\left(-\dfrac{\pi}{2},\dfrac{\pi}{2}\right)$ 的图像,如图 5-33 所示.

根据函数的周期性,把函数在一个周期内的图象向左、右两边扩展,可以得到 $y=\tan x$,$x\in\left(-\dfrac{\pi}{2}+k\pi,\dfrac{\pi}{2}+k\pi\right)$,$k\in\mathbf{Z}$ 的图像,如图 5-34 所示.

正切函数 $y=\tan x$,$x\in\mathbf{R}$,$x\neq\dfrac{\pi}{2}+k\pi$,$k\in\mathbf{Z}$ 的图像称做**正切曲线**. 它是由被无数条平行直线 $x=\dfrac{\pi}{2}+k\pi$,$k\in\mathbf{Z}$ 分割开的无穷多支曲线组成.

正切函数 $y=\tan x$ 由以下性质:

(1)定义域 $D=\{x\,|\,x\in\mathbf{R},$ 且 $x\neq$ $\dfrac{\pi}{2}+k\pi,k\in\mathbf{Z}\}$.

(2)值域　$M=\mathbf{R}$. 从图 5-33 可以看出,当 x 小于 $\dfrac{\pi}{2}+k\pi,k\in\mathbf{Z}$ 而无限接近于 $\dfrac{\pi}{2}+k\pi(k\in\mathbf{Z})$ 时,$\tan x$ 的值无限增大,且可以大于指定的任何正数,此时,称 $\tan x$ **趋向于正无穷大**,记做 $\tan x\to+\infty$;当 x 大于 $-\dfrac{\pi}{2}+k\pi,k\in\mathbf{Z}$ 时,$\tan x$ 的值无限减小并取负值,且其绝对值可以大于任意指定的正数,此时,称 $\tan x$ **趋向于负无穷大**,记做 $\tan$

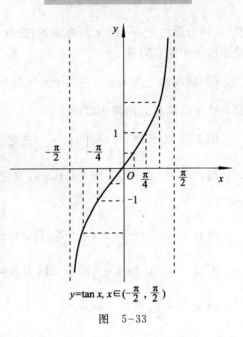

$y=\tan x,\ x\in\left(-\dfrac{\pi}{2},\dfrac{\pi}{2}\right)$

图　5-33

$x\to-\infty$;这说明 $\tan x$ 可以取任何实数,所以,正切函数 $y=\tan x$ 的值域 $M=\mathbf{R}$.

(3)周期性. $y=\tan x$ 是周期函数,周期 $T=\pi$.

一般地,函数 $y=\tan(\omega x+\varphi)$,(其中 $\omega>0,x\in\mathbf{R},$ 且 $\omega x+\varphi\neq\dfrac{\pi}{2}+k\pi,k\in\mathbf{Z}$)的

周期 $T=\dfrac{\pi}{\omega}$.

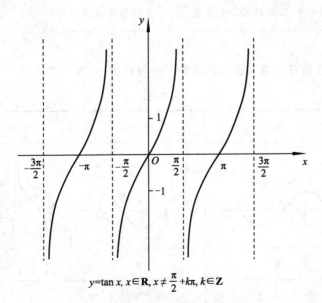

$y=\tan x,\ x\in\mathbf{R},x\neq\dfrac{\pi}{2}+k\pi,k\in\mathbf{Z}$

图　5-34

(4)奇偶性．$y=\tan x$ 是奇函数,这由诱导公式 $\tan(-\alpha)=-\tan\alpha$ 可知．它的图像关于原点对称．

(5)单调性．$y=\tan x$ 在每个开区间 $\left(-\dfrac{\pi}{2}+k\pi,\dfrac{\pi}{2}+k\pi\right)$,$(k\in\mathbf{Z})$ 内都是增函数．这可以从它的图像中看出．

例 10　求函数 $y=\tan\left(2x+\dfrac{\pi}{3}\right)$ 的定义域与周期．

解　令 $z=2x+\dfrac{\pi}{3}$,则 $y=\tan z$,其定义域为 $D=\left\{z\mid z\in\mathbf{R},z\neq\dfrac{\pi}{2}+k\pi,k\in\mathbf{Z}\right\}$,

故有 $2x+\dfrac{\pi}{3}\neq\dfrac{\pi}{2}+k\pi,k\in\mathbf{Z}$. 即 $x\neq\dfrac{\pi}{12}+\dfrac{k\pi}{2}$,$k\in\mathbf{Z}$,

所以 $y=\tan\left(2x+\dfrac{\pi}{3}\right)$ 的定义域为 $D=\left\{x\mid x\in\mathbf{R},x\neq\dfrac{\pi}{12}+\dfrac{k\pi}{2},k\in\mathbf{Z}\right\}$,

因为 $T=\dfrac{\pi}{\omega}$,所以 $T=\dfrac{\pi}{2}$.

所以 $y=\tan\left(2x+\dfrac{\pi}{3}\right)$ 的周期是 $\dfrac{\pi}{2}$.

想一想

(1)说出一个三角函数 $g(x)$,使函数 $f(x)=x^2\cdot g(x)$ 是奇函数;

(2)说出一个三角函数,使它在 $\left(0,\dfrac{\pi}{2}\right)$ 上是减函数;

小结:

正弦函数、余弦函数和正切函数的图像与性质(见表 5-23).

表 5-23

性质＼函数	$y=\sin x$	$y=\cos x$	$y=\tan x$
图像			
定义域	$\mathbf{R}$	$\mathbf{R}$	$\left\{x\mid x\neq k\pi+\dfrac{\pi}{2},k\in\mathbf{Z}\right\}$
值域	$[-1,1]$	$[-1,1]$	$\mathbf{R}$

续表

性质\函数	$y=\sin x$	$y=\cos x$	$y=\tan x$
最值	当 $x=2k\pi+\dfrac{\pi}{2}$ $(k\in\mathbf{Z})$时,$y_{\max}=1$; 当 $x=2k\pi-\dfrac{\pi}{2}$ $(k\in\mathbf{Z})$时,$y_{\min}=-1$.	当 $x=2k\pi$ $(k\in\mathbf{Z})$时,$y_{\max}=1$; 当 $x=2k\pi+\pi$ $(k\in\mathbf{Z})$时,$y_{\min}=-1$.	既无最大值也无最小值
周期性	2π	2π	π
奇偶性	奇函数	偶函数	奇函数
单调性	在 $\left[2k\pi-\dfrac{\pi}{2},2k\pi+\dfrac{\pi}{2}\right]$ $(k\in\mathbf{Z})$上是增函数; 在 $\left[2k\pi+\dfrac{\pi}{2},2k\pi+\dfrac{3\pi}{2}\right]$ $(k\in\mathbf{Z})$上是减函数.	在 $[2k\pi-\pi,2k\pi]$ $(k\in\mathbf{Z})$上是增函数; 在 $[2k\pi,2k\pi+\pi]$ $(k\in\mathbf{Z})$上是减函数.	在 $\left(k\pi-\dfrac{\pi}{2},k\pi+\dfrac{\pi}{2}\right)$ $(k\in\mathbf{Z})$上是增函数.
对称性	对称中心:$(k\pi,0)$ $(k\in\mathbf{Z})$ 对称轴:$x=k\pi+\dfrac{\pi}{2}$ $(k\in\mathbf{Z})$	对称中心:$\left(k\pi+\dfrac{\pi}{2},0\right)$ $(k\in\mathbf{Z})$ 对称轴:$x=k\pi$ $(k\in\mathbf{Z})$	对称中心:$\left(\dfrac{k\pi}{2},0\right)$ $(k\in\mathbf{Z})$ 无对称轴

练　习

1. 根据 $y=\tan x$ 的图像,试说出当 x 取哪些数值时,$y>0$,$y=0$,$y<0$.

2. 求下列函数定义域:

(1) $y=\tan\left(3x+\dfrac{\pi}{4}\right)$; 　　　　(2) $y=3\tan\left(\dfrac{1}{2}x+\dfrac{\pi}{12}\right)$.

3. 说出下列函数的周期:

(1) $y=\tan 3x$; 　　　　(2) $y=-2\tan\left(\dfrac{1}{5}x-\dfrac{\pi}{5}\right)$.

4. 利用函数的单调性,判定下列各组函数值的差的符号:

(1) $\tan 237°-\tan 241°$; 　　　　(2) $\tan\left(-\dfrac{23}{5}\pi\right)-\tan\left(-\dfrac{25}{7}\pi\right)$.

习　题　5.3

1. 画出下列函数在 $[0,2\pi]$ 上的简图:

(1) $y=1-2\sin x$; 　　　(2) $y=\dfrac{5}{2}\cos x-1$; 　　　(3) $y=\dfrac{3}{2}\sin x+\dfrac{1}{2}$.

2. 求下列函数的最大值和最小值:

(1)$y=3-4\sin x$；　　　　(2)$y=5\cos x-4$；

(3)$y=2\sin\left(\dfrac{x}{3}+\dfrac{\pi}{6}\right)$；　　(4)$y=\dfrac{3}{5}\sin\left(2x-\dfrac{\pi}{4}\right)$.

3. 求下列各函数的周期：

(1)$y=\sin\dfrac{2}{3}x$；　　　　(2)$y=\cos\dfrac{4}{5}x$；　　　　(3)$y=-3\sin 4x$；

(4)$y=\dfrac{7}{3}\sin\left(\dfrac{1}{4}x+\dfrac{\pi}{3}\right)$；　(5)$y=2\sin x$；　　　　(6)$y=\tan\left(3x+\dfrac{\pi}{4}\right)$.

4. 写出使下列函数取得最大值时的 x 的集合：

(1)$y=-2+3\sin x$；　　　　(2)$y=3-\dfrac{1}{2}\cos x$；

(3)$y=2\cos 2x-\dfrac{1}{2}$；　　　(4)$y=\dfrac{5}{2}-\sin\dfrac{1}{2}x$

5. 判断下列函数的奇偶性，并说明理由：

(1)$y=3\sin 2x$；　　　　(2)$y=\left|\sin\dfrac{x}{3}\right|$；　　　　(3)$y=3\sin x+1$；

(4)$y=3\cos x-1$；　　　　(5)$y=2\tan x$.

6. 根据函数的单调性比较下列各组中两个三角函数值的大小：

(1)$\sin 112°$与$\sin 126°$；　　(2)$\cos\left(-\dfrac{13\pi}{5}\right)$与$\cos\left(-\dfrac{18\pi}{7}\right)$.

7. 画出下列函数在长度为一个周期的闭区间上的简图：

(1)$y=\dfrac{1}{2}\sin 3x$；　　　　(2)$y=4\cos\dfrac{x}{2}$；

(3)$y=2\sin\left(3x+\dfrac{\pi}{4}\right)$；　　(4)$y=3\cos\left(\dfrac{1}{2}x-\dfrac{\pi}{4}\right)$.

8. 题组训练.

求下列函数的周期：

(1)$y=\sin x+\cos x$；　　　　(2)$y=3\cos x-3\sin x$；

(3)$y=\sqrt{3}\sin 2x+\cos 2x$；(4)$y=\sin 3x-\sqrt{3}\cos 3x$.

9. 确定下列函数的定义域：

(1)$y=\dfrac{1}{1-\sin x}$；　　　　(2)$y=\dfrac{1}{1+\cos x}$；

(3)$y=\sqrt{-\sin x}$；　　　　(4)$y=\dfrac{1}{\sqrt{-2\cos x}}$.

10. 利用函数单调性，比较下列各组中两个函数值的大小：

(1)$\sin\dfrac{35\pi}{9}$与$\sin\left(-\dfrac{20\pi}{9}\right)$；(2)$\cos\dfrac{13\pi}{9}$与$\cos\left(-\dfrac{17\pi}{11}\right)$.

*11. 题组训练.

求下列函数的值域：

(1) $y = 2 + \sin x - \cos x$；　(2) $y = (\sin x - \cos x)^2$；

(3) $y = 4\sin x \cos x$；　(4) $y = 2\cos^2 x - 3$；

(5) $y = 2\sin^2 2x - 1$；　(6) $y = \sin^2 3x - \cos^2 3x$.

5.4　正弦定理和余弦定理

本节重点知识：

1. 正弦定理：在 $\triangle ABC$ 中.

$$\frac{a}{\sin A} = \frac{b}{\sin B} = \frac{c}{\sin C}.$$

2. 余弦定理：在 $\triangle ABC$ 中.

$$a^2 = b^2 + c^2 - 2bc\cos A;$$

$$b^2 = c^2 + a^2 - 2ca\cos B;$$

$$c^2 = a^2 + b^2 - 2ab\cos C.$$

3. 三角形面积公式：在 $\triangle ABC$ 中.

$$S_{\triangle ABC} = \frac{1}{2}bc\sin A = \frac{1}{2}ca\sin B = \frac{1}{2}ab\sin C.$$

5.4.1　正弦定理及其应用

在 $\triangle ABC$ 中，我们用 a, b, c 分别表示 $\angle A$，$\angle B$，$\angle C$ 的对边及其长度.

正弦定理　在一个三角形中，各边和它所对的角的正弦的比值相等，即在 $\triangle ABC$ 中 $\dfrac{a}{\sin A} = \dfrac{b}{\sin B} = \dfrac{c}{\sin C}$，

证明　如图 5-35 所示，$\odot O$ 是锐角 $\triangle ABC$ 的外接圆. 过点 C 作直径，交圆 O 于 B'，并设直径为 $2R$.

因为 $\angle B'$ 与 $\angle B$ 是同弧上的圆周角，$\angle CAB'$ 是直径所对的圆周角

所以 $\angle B' \angle B$，$\angle CAB' = 90°$

在 $Rt\triangle CAB'$ 中，$\dfrac{AC}{CB'} = \sin B'$.

即 $\dfrac{b}{\sin B} = 2R.$

同理，可得：$\dfrac{a}{\sin A} = 2R$，　$\dfrac{c}{\sin C} = 2R.$

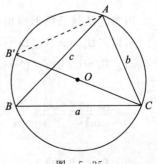

图　5-35

于是，$\dfrac{a}{\sin A} = \dfrac{b}{\sin B} = \dfrac{c}{\sin C}$,

想一想

如果将图 5-35 中的三角形改成钝角三角形，你能证明吗？

例 1　在 $\triangle ABC$ 中，已知 $\angle B = 60°$，$\angle C = 15°$，$a = \sqrt{3} + 1$，求 b, c 的值.

解　因为 $\angle A + \angle B + \angle C = 180°$,

所以 $\angle A = 180° - \angle B - \angle C = 180 - 60 - 15° = 105°$,

因为 $\dfrac{a}{\sin A} = \dfrac{b}{\sin B} = \dfrac{c}{\sin C}$,

所以 $b = \dfrac{a \sin B}{\sin A} = \dfrac{(\sqrt{3}+1) \sin 60°}{\sin 105°} = \sqrt{6}$.

$c = \dfrac{a \sin C}{\sin A} = \dfrac{(\sqrt{3}+1) \sin 15°}{\sin 105°} = \sqrt{3} - 1$.

说明　(1)正弦定理和三角形内角和定理，是解三角形时常用的两个定理，并且在解题过程中，经常联合使用.

(2)本题是已知三角形的两个内角和一条边，求三角形的其他两条边，这是利用正弦定理求解的典型问题之一.

例 2　已知在 $\triangle ABC$ 中，$a = 2\sqrt{2}$，$b = 2\sqrt{3}$，$\angle A = 45°$，求 $c, \angle B, \angle C$.

分析　由 $a, b, \angle A$，根据正弦定理，可求得 $\sin B$，由于 $0° < \angle B < 180°$，因此对于 $0 < \sin B < 1$ 的每一个值，都有两个 $\angle B$ 值和它对应，因此求解这一类问题时，需要讨论，不要漏掉解.

解　因为 $\dfrac{a}{\sin A} = \dfrac{b}{\sin B}$,

所以 $\sin B = \dfrac{b \sin A}{a} = \dfrac{2\sqrt{3} \times \sin 45°}{2\sqrt{2}} = \dfrac{\sqrt{3}}{2}$.

因为 $\angle B$ 是三角形内角，所以 $0° < \angle B < 180°$.

所以 $\angle B_1 = 60°$，$\angle B_2 = 120°$，都符合题意.

当 $\angle B_1 = 60°$ 时，$\angle C = 180° - (\angle A + \angle B_1) = 75°$,

$c = \dfrac{a \sin C}{\sin A} = \dfrac{2\sqrt{2} \times \sin 75°}{\sin 45°} = \dfrac{2\sqrt{2} \times \dfrac{\sqrt{6}+\sqrt{2}}{4}}{\dfrac{\sqrt{2}}{2}} = \sqrt{6} + \sqrt{2}$.

当 $\angle B_2 = 120°$ 时，$\angle C = 180° - (\angle A + \angle B_2) = 15°$,

$$c=\frac{a\sin C}{\sin A}=\frac{2\sqrt{2}\times\frac{\sqrt{6}-\sqrt{2}}{4}}{\frac{\sqrt{2}}{2}}=\sqrt{6}-\sqrt{2}.$$

所以,本题有两解:

(1)$\angle B=60°,\angle C=75°,c=\sqrt{6}+\sqrt{2}$;

(2)$\angle B=120°,\angle C=15°,c=\sqrt{6}-\sqrt{2}$.

说明　已知三角形的两边和其中一边的对角,求三角形的其他边和角,是利用正弦定理求解的又一种典型问题.

练一练

根据正弦定理,解下列问题:

(1)已知$b=2\sqrt{2},c=4,\angle B=30°$,求$\angle C$.

(2)已知$a=6,b=2\sqrt{3},\angle A=120°$,求$\angle B$.

(3)已知$a=3,b=5,\angle B=100°$,求$\angle A$.

用正弦定理求解三角形,主要有下面两种情况:

(1)已知两角和一边,求三角形其他元素;

(2)已知两边和其中一边的对角,求三角形其他元素.

练　习

1. 填空题.

(1)已知在$\triangle ABC$中,$a=\sqrt{3}$,$\angle A=45°$,$\angle C=60°$,则$b=$ _____,$c=$ _____;

(2)已知在$\triangle ABC$中,$a=\sqrt{2},b=2,\angle A=30°$,则角$B$的度数为 _____;

(3)已知在$\triangle ABC$中,$\sin A:\sin B=1:3$,则$a:b=$ _____;

(4)已知在$\triangle ABC$中,$a:\sin A=4,\angle B=120°$,则$b=$ _____,$\frac{\sin C}{c}=$ _____.

2. 一个三角形的三角内角的比为$3:4:5$,它的最短边长4 cm,求这个三角形的最长边.

3. 在$\triangle ABC$中,$b=8,c=8\sqrt{3},S_{\triangle ABC}=16\sqrt{3}$求$\angle A$.

4. 在$\triangle ABC$中,若$\sqrt{3}a=2b\sin A$求角B.

5.4.2　余弦定理及其应用

揭示三角形中边角关系的另一个重要结论是余弦定理.

余弦定理　三角形任何一边的平方等于其他两边平方的和减去这两边与他们夹角的余弦的积的两倍. 即在△ABC中

$$a^2=b^2+c^2-2bc\cos A,$$
$$b^2=c^2+a^2-2ca\cos B,$$
$$c^2=a^2+b^2-2ab\cos C.$$

显然,由 $c^2=a^2+b^2-2ab\cos C$,当∠$C=90°$时,得 $c^2=a^2+b^2$. 由此可见,勾股定理是余弦定理的特例.

下面我们来证明这个定理.

证明　如图 5-36 所示,CD 是 AB 边上的高.

在 Rt△ADC 中,

$CD=b\sin A, AD=b\cos A$

则 $BD=b\cos A-c$

在 Rt△BDC 中

因为 $BC^2=BD^2+CD^2$,

即 $a^2=(b\cos A-c)^2+(b\sin A)^2$,

所以 $a^2=b^2+c^2-2bc\cos A.$

同理可证其他两式.

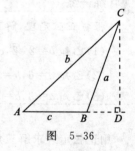

图　5-36

🪐 **想一想**

> 如果将图 5-36 中的三角形改成锐角三角形,你能证明吗?

例 3　在△ABC中,

(1)$a=8, b=4\sqrt{2},,∠C=45°$,求 c;

(2)$a=7, b=5, c=3$,求最大角.

解　(1)由余弦定理,得

$$C^2=a^2+b^2-2ab\cos C$$
$$=8^2+(4\sqrt{2})^2-2×8×4\sqrt{2}\cos 45°=32.$$

所以 $c=4\sqrt{2}.$

说明　三角形中,已知两边和它们的夹角可以用余弦定理求得第三边,这是利用余弦定理求解的一种典型问题. 如果还需要求其他角,可以再用正弦定理求解.

(2)因为在三角形中大边对大角,

所以 a 边所对的角 A 是这个三角形中最大角.

由余弦定理,得 $\cos A = \dfrac{b^2 + c^2 - a^2}{2bc}$

$$= \dfrac{5^2 + 3^2 - 7^2}{2 \times 5 \times 3} = -\dfrac{1}{2}.$$

所以 $\angle A = 120°$.

这个三角形的最大角 A 为 $120°$.

说明　在三角形中已知三边,可以用余弦定理求得任意一个角,这是利用余弦定理求解的另一种典型问题.

例 4　在 $\triangle ABC$ 中,$a = 3$,$c = \sqrt{3}$,$\angle A = 120°$,求 b,$\angle C$.

分析　已知 a,c,$\angle A$,求 b,$\angle C$ 是用正弦定理求解的典型问题,但第一步求 b 时需要讨论解的个数,这类问题也可以用余弦定理求解.但用余弦定理时,应根据已知角列出有关的式子.

解　由余弦定理,得 $a^2 = b^2 + c^2 - 2bc \cos A$.

因为 $a = 3$,$c = \sqrt{3}$,$\angle A = 120°$,

所以 $3^2 = b^2 + (\sqrt{3})^2 - 2b \times \sqrt{3} \cos 120°$,

即 $b^2 + \sqrt{3}b - 6 = 0$.

所以 $b = \dfrac{-\sqrt{3} \pm 3\sqrt{3}}{2}$.

即 $b_1 = \sqrt{3}$,$b_2 = -2\sqrt{3}$(舍去).

因为 $b = c = \sqrt{3}$,　所以 $\angle B = \angle C = 30°$.

所以 $b = \sqrt{3}$,$\angle C = 30°$.

用余弦定理求解三角形,主要用于下面两种情况:

(1)已知三角形的两边和他们的夹角,求三角形的其他元素;

(2)已知三角形的三条边,求三角形的其他元素.

小结:

正、余弦定理:在 $\triangle ABC$ 中有:

①正弦定理:$\dfrac{a}{\sin A} = \dfrac{b}{\sin B} = \dfrac{c}{\sin C} = 2R$($R$ 为 $\triangle ABC$ 外接圆半径)

$$\begin{cases} a = 2R\sin A \\ b = 2R\sin B \\ c = 2R\sin C \end{cases} \Rightarrow \begin{cases} \sin A = \dfrac{a}{2R} \\ \sin B = \dfrac{b}{2R} \\ \sin C = \dfrac{c}{2R} \end{cases} \quad 注意变形应用.$$

②面积公式:$S_{\triangle ABC} = \dfrac{1}{2}ab\sin C = \dfrac{1}{2}ac\sin B = \dfrac{1}{2}bc\sin A$.

③余弦定理: $\begin{cases} a^2 = b^2 + c^2 - 2bc\cos A \\ b^2 = a^2 + c^2 - 2ac\cos B \\ c^2 = a^2 + b^2 - 2ab\cos C \end{cases}$ $\Rightarrow$ $\begin{cases} \cos A = \dfrac{b^2 + c^2 - a^2}{2bc} \\ \cos B = \dfrac{a^2 + c^2 - b^2}{2ac} \\ \cos C = \dfrac{a^2 + b^2 - c^2}{2ab} \end{cases}$.

练 习

1. 填空题:

(1)在△ABC中,$AB = 5$,$AC = 3$,$\angle A = 120°$,则 $BC = $ _____;

(2)在△ABC中,$AB = 7$,$BC = \sqrt{13}$,$AC = 4\sqrt{3}$,则三角形的最小内角是 _____,它的度数是 _____;

(3)在△ABC中,三边之比为 $a : b : c = 3 : 5 : 7$,则三角形的最大内角是 ____ __,它的度数是 _____.

2. 题组训练:

(1)在△ABC中,$\angle A = 60°$,则 $a^2 - b^2 - c^2 = $ _____;

(2)在△ABC中,$\angle A = 120°$,则 $a^2 - b^2 - c^2 = $ _____;

(3)在△ABC中,如果 $a^2 - b^2 - c^2 = -bc$,则$\angle A = $ _____;

(4)在△ABC中,如果 $a^2 - b^2 - c^2 = bc$,则$\angle A = $ _____.

5.4.3 三角形的面积公式

如图 5-37 所示,设 S 表示△ABC的面积,h 为边 AB 上的高,则

$h = b\sin A$ 或 $h = b\sin(\pi - \angle BAC) = b\sin \angle BAC$.

所以 $S = \dfrac{1}{2}ch = \dfrac{1}{2}bc\sin \angle BAC$,

即 $S = \dfrac{1}{2}bc\sin \angle BAC$.

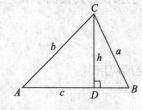 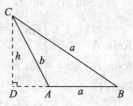

图 5-37

同理 $S = \dfrac{1}{2}ac\sin B$,$S = \dfrac{1}{2}ab\sin \angle ACB$.

这就是说,任一个三角形的面积,都等于任意两边及其夹角正弦乘积的一半.

例 5 已知在 $\triangle ABC$ 中,$b=6$,$\angle B=30°$,$\angle C=105°$,求 $S_{\triangle ABC}$.

解 $\angle A=180°-\angle B-\angle C=180°-30°-105°=45°$.

由正弦定理 $\dfrac{a}{\sin A}=\dfrac{b}{\sin B}$,得

$$A=\dfrac{b}{\sin B}\cdot\sin A=\dfrac{6}{\sin 30°}\cdot\sin 45°=6\sqrt{2}.$$

所以 $S_{\triangle ABC}=\dfrac{1}{2}ab\sin C=\dfrac{1}{2}\times6\sqrt{2}\times6\times\sin 105°$

$$=18\sqrt{2}\cdot\dfrac{\sqrt{6}+\sqrt{2}}{4}=9(\sqrt{3}+1).$$

例 6 在 $\triangle ABC$ 中,已知 $a=3$,$b=5$,$c=7$,求 $S_{\triangle ABC}$.

解 由余弦定理,得

$$\cos C=\dfrac{a^2+b^2-c^2}{2ab}=\dfrac{3^2+5^2+7^2}{2\times3\times5}=-\dfrac{1}{2}.$$

所以 $\sin C=\sqrt{1-\cos^2 C}=\sqrt{1-\left(-\dfrac{1}{2}\right)^2}=\dfrac{\sqrt{3}}{2}.$

所以 $S_{\triangle ABC}=\dfrac{1}{2}ab\sin C=\dfrac{1}{2}\times3\times5\times\dfrac{\sqrt{3}}{2}=\dfrac{15\sqrt{3}}{4}.$

练 习

1. 在 $\triangle ABC$ 中,计算三角形面积:

(1)$a=4$,$b=5$,$\angle C=30°$;

(2)$b=8$,$c=8$,$\angle A=60°$;

(3)$a=2$,$b=\sqrt{7}$,$\angle B=60°$;

(4)$a=\sqrt{13}$,$b=4\sqrt{3}$,$c=7$.

2. 在 $\triangle ABC$ 中,$c=1+\sqrt{3}$,$\angle A=60°$,$\angle B=45°$,求 $S_{\triangle ABC}$.

5.4.4 三角函数的应用

三角函数的应用非常广泛,无论是解决某些几何、物理问题,还是在测量实际问题中,都要用到三角函数,现举例说明.

例 7 如图 5-38 所示,A,B 两点间有小山和小河.为求 AB 的长,需选择一点 C,使 AC 可直接丈量,

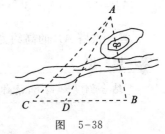

图 5-38

且 B 和 C 两点可通视,再在 AC 上取一点 D,使 B 和 D 两点可通视.测得 $AC=$ 180m,$CD=60$m,$\angle ACB=45°$,$\angle ADB=60°$,求 AB 的长(结果用根号表示).

解 因为 $\angle ACB=45°$,$\angle ADB=60°$,

所以 $\angle CBD=\angle ADB-\angle ACB=60°-45°=15°$.

在 $\triangle BCD$ 中,

因为 $\dfrac{BD}{\sin C}=\dfrac{CD}{\sin\angle CBD}$,

所以 $BD=\dfrac{CD\sin C}{\sin\angle CBD}=\dfrac{60\sin 45°}{\sin 15°}=60\sqrt{3}+60$.

在 $\triangle ABD$ 中,

因为 $AB^{2}=AD^{2}+BD^{2}-2AD\cdot BD\cos\angle ADB$

$\qquad =120^{2}+(60\sqrt{3}+60)^{2}-2\times120\times60(\sqrt{3}+1)\cos 60°$

$\qquad =21600$,

所以 $AB=60\sqrt{6}$(m).

答 AB 的长是 $60\sqrt{6}$(m).

例 8 为测量不能到达底部的铁塔的高 AB,可以在地面上引一条基线 CD,这条基线和塔底在同一水平面上,且延长后不过塔底,如图 5-39 所示.测得 $CD=$ 50m,$\angle BCD=75°$,$\angle BDC=60°$,仰角 $\angle ACB=30°$,求 AB(精确到 1m).

解 在 $\triangle BCD$ 中,

因为 $\angle BCD=75°$,$\angle BDC=60°$,

所以 $\angle CBD=180°-(\angle BCD+\angle BDC)$

$\qquad\qquad =180°-(75°+60°)=45°$.

因为 $\dfrac{BC}{\sin\angle BDC}=\dfrac{CD}{\sin\angle CBD}$,

所以 $BC=\dfrac{CD\sin\angle BDC}{\sin\angle CBD}=\dfrac{50\sin 60°}{\sin 45°}=25\sqrt{6}$.

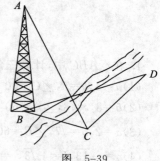

图 5-39

在 $\text{Rt}\triangle ABC$ 中 $AB=BC\cdot\tan\angle ACB$

$AB=25\sqrt{6}\cdot\tan 30°=25\sqrt{6}\times\dfrac{1}{\sqrt{3}}=25\sqrt{2}\approx35$(m).

答 铁塔 AB 的高约为 35 m.

 想一想

结合例 7 和例 8,请你设计几种测距和测高的方案.

例 9　一只船下午一时在 A 处,这时望见西南有一座灯塔 B,船和灯塔相距 36 海里.

船以 26 海里/小时的速度向南 $30°$ 西的方向航行到 C 处,望见灯塔在船的正北方向,此时应是下午几点? 这时船和灯塔相距多远?

分析　考虑题意,要在 $\triangle ABC$ 中求 CB 及 AC,已知条件有 AB,$\angle C$ 和 $\angle BAC$,是一个已知两角一边解三角形的问题.可用正弦定理求解.

解　依题意画出示意图 5-40,$\angle BAC = 45° - 30° = 15°$.

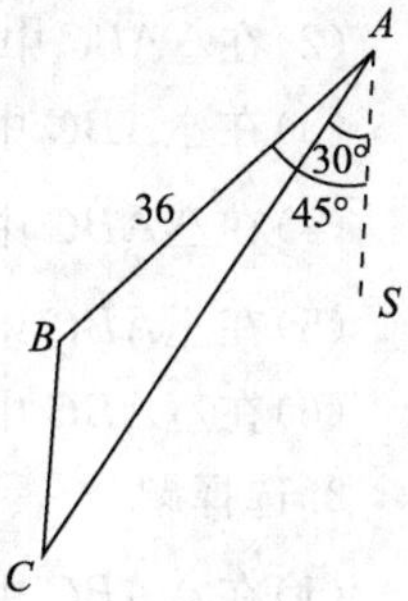

因为 $BC /\!/ AS$,

所以 $\angle C = \angle CAS = 30°$.

在 $\triangle ABC$ 中,由正弦定理得 $\dfrac{AB}{\sin C} = \dfrac{BC}{\sin \angle BAC}$.

图 5-40

所以 $BC = \dfrac{AB \cdot \sin \angle BAC}{\sin C} = \dfrac{36 \times \sin 15°}{\sin 30°} = \dfrac{36 \times \dfrac{\sqrt{6} - \sqrt{2}}{4}}{\dfrac{1}{2}}$

$$= 18(\sqrt{6} - \sqrt{2}),$$

又 $\angle B = 180° - \angle C - \angle BAC = 180° - 15° - 30° = 135°$,

所以 $\dfrac{36}{\sin 30°} = \dfrac{AC}{\sin 135°}$.

所以 $AC = \dfrac{36 \times \sin 135°}{\sin 30°} = \dfrac{36 \times \dfrac{\sqrt{2}}{2}}{\dfrac{1}{2}} = 36\sqrt{2} \approx 50.9 (海里)$.

船从 A 航行到 C 所需时间为 $\dfrac{50.9}{26} = 1.96 h \approx 1h57min$.

答　船航行到 C 处时是下午 2 时 57 分,这时船距灯塔 B 的距离是 $18(\sqrt{6} - \sqrt{2})$ 海里.

练　习

1. 货船在海上 A 处测得灯塔 B 在北偏西 $45°$ 方向上.以后该船沿南偏西 $75°$ 方向以每小时 18 海里的速度航行 20min 到达 C 处,观察灯塔 B 在北偏东 $30°$ 方向.

(1)按题意画出示意图;

(2)求 C 处到灯塔 B 的距离(精确到 0.1 海里).

2. 如图 5-41 所示,A,B 两点间有座小山,不能直接丈量距离. 在 D 点测得 $\angle BDA = 100°$,由 D 向 DA 方向前进 100m 到 C 点,又测得 $\angle BCA = 120°$,$AC = 300m$,试计算 A,B 的距离(精确到 0.1m).

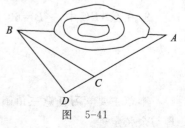

图 5-41

习 题 5.4

1.填空题:

(1)在△ABC中,若 $\sin A:\sin B:\sin C=5:7:8$,则 $BC:AC:AB=$_____.

(2)在△ABC中,若 $\angle A:\angle B:\angle C=1:2:3$,则 $BC:AC:AB=$_____.

(3)在△ABC中,若 $\sin A:\sin B=2$,且 $AC=3$,则 $BC=$_____.

(4)在△ABC中,若 $\sin A:\sin C=2:\sqrt{3}$,且 $a=2\sqrt{3}$),则 $c=$_____.

(5)在△ABC中,$b:c=\sqrt{3}:\sqrt{2}$,$\angle B=60°$,则 $\angle C=$_____.

(6)在△ABC中,$(a+b+c)(b+C-a)=3bc$,则 $\angle A=$_____.

2.选择题:

(1)在△ABC中,$a=2,b=\sqrt{7},c=3$,则 $\angle B=$(   ).

A. $\dfrac{2\pi}{3}$ B. $\dfrac{\pi}{3}$ C. $\dfrac{\pi}{4}$ D. $\dfrac{\pi}{6}$

(2)在△ABC中,$a=6,c=4,\angle B=60°$,则 $b=$(   ).

A.28   B. $\sqrt{76}$ C.76   D. $2\sqrt{7}$

3.用正弦定理解下列各题:

(1)在△ABC中,$\angle A=60°,\angle B=45°,a=36$,求 $b,\angle c,$ c;

(2)在△ABC中,$a=2\sqrt{2},b=2\sqrt{3},\angle A=45°$,求 $\angle B,\angle C,c,S_\triangle$.

4.用余弦定理解下列各题:

(1)在△ABC中,$a=2,c=2\sqrt{2},\angle B=15°$,求 $b,\angle A,S_\triangle$;

(2)在△ABC中,$a=6,b=6\sqrt{3},\angle A=30°$,求 c.

5.在△ABC中,$AB=4,AC=6,\sin A=\dfrac{1}{3}$,求△ABC 的面积.

6.在△ABC中,已知 $a=10,\angle B=60°,\angle C=45°$,求 $b,c,S_\triangle ABC$.

7.在△ABC中,已知 $\angle B=60°,c=4,S_\triangle ABC=6\sqrt{3}$,求 a,b.

8.在△ABC中,已知 $a=10,b=5\sqrt{6},\angle A=45°$,求 $c,\angle B,\angle C$ 及 $S_\triangle ABC$.

9.在△ABC中,$\angle B=60°,b=7,S_\triangle=10\sqrt{3}$,周长为 20,求 a,c.

思考与总结

　　本章主要学习任意三角函数、三角函数公式、三角函数的图像与性质及正弦定理与余弦定理.

知识结构：

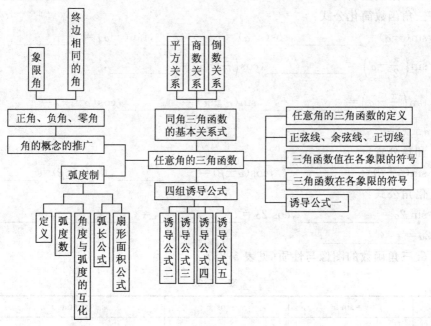

1. **任意角三角函数**

根据射线旋转方向的不同，角分为＿＿＿＿＿＿＿＿，和＿＿＿＿＿＿＿＿，当射线不做任何旋转时形成的角，称为＿＿＿＿＿＿＿＿．

有相同始边与终边的角，称做＿＿＿＿＿＿＿＿．所有与 α 终边相同的角，连同 α 角在内，可以表示成＿＿＿＿＿＿＿＿，角度与弧度的换算关系是 $180° =$ ＿＿＿＿＿＿ 弧度．

将任意角 α 放在直角坐标系中，使角的顶点与原点重合，角的始边与 x 轴正半轴重合，并设 α 终边上任意一点 P 的坐标为 (x,y)，它与原点的距离为 $r(r>0)$，则 $r=$ ＿＿＿＿＿＿＿＿．并用 x,y,r 三个实数中的任意两个的比来定义：

$\sin \alpha =$ ＿＿＿＿＿＿＿＿，$\cos \alpha =$ ＿＿＿＿＿＿＿＿，$\tan \alpha =$ ＿＿＿＿＿＿＿＿，

它们在四个象限的符号分别是（见表 5-24）：

表　5-24

	第一象限	第二象限	第三象限	第四象限
$\sin \alpha$				
$\cos \alpha$				
$\tan \alpha$				

同角三角函数的基本关系＿＿＿＿＿＿＿＿，与＿＿＿＿＿＿＿＿．

2. 三角函数公式

三角函数简化公式：

$\sin(-\alpha) = $ _____ , $\cos(-\alpha) = $ _____ , $\tan(-\alpha) = $ _____ ,

$\sin\left(\dfrac{\pi}{2} - \alpha\right) = $ _____ , $\cos\left(\dfrac{\pi}{2} - \alpha\right) = $ _____ ,

$\tan\left(\dfrac{\pi}{2} - \alpha\right) = $ _____ , $\sin(\alpha \pm \pi) = $ _____ , $\cos(\alpha \pm \pi) = $ _____ ,

$\tan(\alpha \pm \pi) = $ _____ .

和角公式：

$\sin(\alpha \pm \beta) = $ _____ , $\cos(\alpha \pm \beta) = $ _____ , $\tan(\alpha \pm \beta) = $ _____ .

倍角公式：

$\sin 2\alpha = $ _____ , $\cos 2\alpha = $ _____ , $= $ _____ , $= $ _____ ,

$\tan 2\alpha = $ _____ .

3. 三角函数的图像与性质(见表 5-25)

表　5-25

	$y = \sin x$	$y = \cos x$	$y = \tan x$
图像			
定义域			
值域			
单调性	增区间： _____ 减区间： _____	增区间： _____ 减区间： _____	增区间： _____
奇偶性			
周期性			

函数 $y = A\sin(\omega x + \varphi)\ (A > 0, \omega > 0)$ 的最大值是 _____ , 最小值是 _____ , 周期是 _____ .

4.正弦定理与余弦定理

正弦定理:＿＿＿＿＿＿＝＿＿＿＿＿＿＝＿＿＿＿＿＿.

余弦定理:$a^2=$＿＿＿＿＿＿,$b^2=$＿＿＿＿＿＿$c^2=$＿＿＿＿＿.

三角形面积公式:$S_\triangle=$＿＿＿＿＿＿＝＿＿＿＿＿＿.

复 习 题 五

1.填空题.

(1)$\sin^2 40°+\cos^2 40°=$＿＿＿＿＿;

(2)$\sin^2 400°+\cos^2 40°=$＿＿＿＿＿;

(3)$\sin 70°-\cos 20°=$＿＿＿＿＿;

(4)$\sin 10°\cos 35°+\sin 80°\cos 55°=$＿＿＿＿＿;

(5)$\cos^2 165°-\sin^2 165°=$＿＿＿＿＿;

(6)$\sin \dfrac{5\pi}{12}\cdot\cos\dfrac{5\pi}{12}=$＿＿＿＿＿;

(7)$\dfrac{\sin 15°}{\cos 15°}+\dfrac{\cos 15°}{\sin 15°}=$＿＿＿＿＿;

(8)$\cos\dfrac{3\pi}{4}-\cos\dfrac{5\pi}{4}+\cos\dfrac{7\pi}{4}=$＿＿＿＿＿;

(9)$y=\sin 3x\cos 3x$ 的最大值是＿＿＿＿＿,最小值是＿＿＿＿＿,最小

正周期是＿＿＿＿;

(10)在△ABC 中,$AB=4$,$\angle C=30°$,$\angle B=45°$,则 AC＿＿＿.

2.判断题.

(1)$400°$角是锐角;　　　　　　　　　　　　　　　　　(　　)

(2)$\cos 2\alpha>0$;　　　　　　　　　　　　　　　　　　(　　)

(3)若 $0<\alpha<\dfrac{\pi}{4}$,则 $\cos\alpha>\tan\alpha>\sin\alpha$;　　　　　(　　)

(4)$y=\sin x+\cos x$ 的最大值是2.　　　　　　　　　(　　)

3.选择题.

(1)若 $\alpha=100°$,则 $k\cdot 360°-\alpha(k\in\mathbf{Z})$ 所在的象限是(　　).

A.第一象限　　　　B.第二象限　　　　C.第三象限　　　　D.第四象限

(2)角 α 能使下列结论成立的是(　　).

A. $\sin\alpha=\dfrac{2}{3}$,$\cos\alpha=\dfrac{1}{3}$　　　　　　B. $\sin\alpha=\dfrac{a^2+b^2}{2ab}(a>0,b>0,a\neq b)$

C. $\sin\alpha+\cos\alpha=2$　　　　　　D. $\sin\alpha+\cos\alpha=1$

(3)$y=\sin x-\sqrt{3}\cos x$ 的最大值是(　　).

A. $1+\sqrt{3}$　　　　B. $1-\sqrt{3}$　　　　C. 2　　　　D. $\dfrac{1}{2}$

(4)下列函数中,最小正周期是$\dfrac{\pi}{2}$的是(　　　).

A. $y=\sin 2x$　　　　　　　　　　B. $y=\sin x$

C. $y=\tan 2x$　　　　　　　　　　D. $y=\tan x$

(5)已知 $3\sin\alpha=1$,则 $\cos 2\alpha=$(　　　).

A. $\dfrac{7}{9}$　　　　B. $-\dfrac{7}{9}$　　　　C. $-\dfrac{1}{3}$　　　　D. $\dfrac{1}{3}$

(6)已知 $\sin\alpha=\dfrac{4}{5}$,$\alpha\in\left(\dfrac{\pi}{2},\pi\right)$,则 $\tan\alpha=$(　　　).

A. $\dfrac{4}{3}$　　　　B. $\dfrac{3}{4}$　　　　C. $-\dfrac{3}{4}$　　　　D. $-\dfrac{4}{3}$

(7)下列四个命题中正确的共有(　　　).

①$y=\cos x$ 在第一象限是减函数;

②$y=\tan x$ 再定义域内是增函数;

③$y=\cos x$ 在$[-\pi,0]$是增函数;

④$y=\sin x$ 与 $y=\cos x$ 在第二象限都是减函数.

A. 1个　　　　B. 2个　　　　C. 3个　　　　D. 4个

(8)已知△ABC 三个内角正弦之比 $\sin A:\sin B:\sin C=2:3:4$,则△$ABC$ 的形状是(　　　).

A. 锐角三角形　　B. 直角三角形　　C. 钝角三角形　　D. 任意三角形

(9)若 $\sqrt{1-\sin^2 x}=-\cos x$,则角 x 在第(　　　)象限.

A. 一、二　　　　B. 三、四　　　　C. 一、四　　　　D. 二、三

(10)若 $\tan\alpha=2$ 且 $\sin\alpha<0$,则 $\cos\alpha=$(　　　).

A. $\dfrac{1}{5}$　　　　B. $\sqrt{5}$　　　　C. $-\dfrac{1}{5}$　　　　D. $-\dfrac{\sqrt{5}}{5}$

(11)下列各组中,两个函数为同一个函数的是(　　　).

A. $y=\cos x$,$y=\sqrt{1-\sin^2 x}$　　　　B. $y=\sin x$,$y=1-\cos^2 x$

C. $y=\cos x$,$y=-\cos(-x)$　　　　D. $y=\sin x$,$y=-\sin(-x)$

(12)化简$\left(\dfrac{1}{\sin x}+\dfrac{1}{\tan x}\right)(1-\cos x)=$(　　　).

A. $\cos x$　　　　B. $\sin x$　　　　C. $1+\cos x$　　　　D. $1+\sin x$

(13)$y=\cos^2 4x$ 是(　　　).

A. 周期为$\dfrac{\pi}{2}$的奇函数　　　　　　B. 周期为$\dfrac{\pi}{2}$的偶函数

C. 周期为 $\dfrac{\pi}{4}$ 的奇函数　　　　　　　D. 周期为 $\dfrac{\pi}{4}$ 的偶函数

(14) $\sin 15°\cos 30°\sin 75°$ 的值等于(　　).

A. $\dfrac{\sqrt{3}}{4}$　　　　B. $\dfrac{\sqrt{3}}{8}$　　　　C. $\dfrac{1}{8}$　　　　D. $\dfrac{1}{4}$

(15) 将分针拨慢 5 分钟,则分钟转过的弧度数是(　　).

A. $\dfrac{\pi}{3}$　　　B. $-\dfrac{\pi}{3}$　　　C. $\dfrac{\pi}{6}$　　　D. $-\dfrac{\pi}{6}$

(16) 已知 $\dfrac{\sin \alpha-2\cos \alpha}{3\sin \alpha+5\cos \alpha}=-5$,那么 $\tan \alpha$ 的值为(　　).

A. -2　　　B. 2　　　C. $\dfrac{23}{16}$　　　D. $-\dfrac{23}{16}$

(17) 若 $f(\cos x)=\cos 2x$,则 $f(\sin 15°)$ 等于(　　).

A. $-\dfrac{\sqrt{3}}{2}$　　　B. $\dfrac{\sqrt{3}}{2}$　　　C. $\dfrac{1}{2}$　　　D. $-\dfrac{1}{2}$

(18) 要得到 $y=3\sin\left(2x+\dfrac{\pi}{4}\right)$ 的图像只需将 $y=3\sin 2x$ 的图像(　　).

A. 向左平移 $\dfrac{\pi}{4}$ 个单位　　　　　B. 向右平移 $\dfrac{\pi}{4}$ 个单位

C. 向左平移 $\dfrac{\pi}{8}$ 个单位　　　　　D. 向右平移 $\dfrac{\pi}{8}$ 个单位

(19) 化简 $\sqrt{1-\sin^2 160°}$ 的结果是(　　).

A. $\cos 160°$　　　　　　　　B. $-\cos 160°$

C. $\pm\cos 160°$　　　　　　　D. $\pm|\cos 160°|$

(20) A 为三角形 ABC 的一个内角,若 $\sin A+\cos A=\dfrac{12}{25}$,则这个三角形的形状为(　　).

A. 锐角三角形　　B. 钝角三角形　　C. 等腰直角三角形　　D. 等腰三角形

(21) 函数 $y=\sin\left(x+\dfrac{\pi}{2}\right),x\in\mathbf{R}$ 是(　　).

A. $\left[-\dfrac{\pi}{2},\dfrac{\pi}{2}\right]$ 上是增函数　　　B. $[0,\pi]$ 上是减函数

C. $[-\pi,0]$ 上是减函数　　　D. $[-\pi,\pi]$ 上是减函数

(22) 函数 $y=\sqrt{2\cos x+1}$ 的定义域是(　　).

A. $\left[2k\pi-\dfrac{\pi}{3},2k\pi+\dfrac{\pi}{3}\right](k\in\mathbf{Z})$　　　B. $\left[2k\pi-\dfrac{\pi}{6},2k\pi+\dfrac{\pi}{6}\right](k\in\mathbf{Z})$

C. $\left[2k\pi+\dfrac{\pi}{3},2k\pi+\dfrac{2\pi}{3}\right](k\in\mathbf{Z})$　　　D. $\left[2k\pi-\dfrac{2\pi}{3},2k\pi+\dfrac{2\pi}{3}\right](k\in\mathbf{Z})$

4.解答题.

(1)求值$\sin^2 120° + \cos 180° + \tan 45° - \cos^2(-330°) + \sin(-210°)$

(2)绳子绕在半径为 50cm 的轮圈上,绳子的下端 B 处悬挂着物体 W,如果轮子按逆时针方向每分钟匀速旋转 4 圈,那么需要多少秒才能把物体 W 的位置向上提升 100cm?

(3).已知 α 是第三角限的角,化简 $\sqrt{\dfrac{1+\sin\alpha}{1-\sin\alpha}} - \sqrt{\dfrac{1-\sin\alpha}{1+\sin\alpha}}$.

(4)计算 $\dfrac{\sin 30°}{\sin 10°} - \dfrac{\cos 30°}{\cos 10°}$

(5)已知 $\cos\theta = \dfrac{1}{2}$,求 $\tan 2\theta$.

(6)已知 $\sin\theta = \dfrac{\sqrt{5}-1}{2}$,求 $\sin 2\left(\theta - \dfrac{\pi}{4}\right)$.

(7)已知 $\cos\left(\dfrac{\pi}{4} + x\right) = \dfrac{3}{5}$,求 $\sin 2x$.

(8)已知 $\tan\alpha = 2$,求下列各式的值:

① $\dfrac{7\sin\alpha + 2\cos\alpha}{\sin\alpha - 5\cos\alpha}$; ② $\cos^2\alpha - 3\sin\alpha\cos\alpha + 1$.

(9)求 $y = \sin^4 x - \sin^2 x$ 的最小正周期及值域.

(10)计算:$\tan 20° + \tan 40° + \sqrt{3}\tan 20° \cdot \tan 40°$.